「地域猫」のすすめ

ノラ猫と上手につきあう方法

横浜市職員・地域猫発案者
黒澤泰

文芸社

はじめに

私は、屋根の上で気持ちよさそうに日向ぼっこしている猫がうらやましい。

一日のんびり寝ていられる。好きなときに、好きなところで、好きなことができる。まったく自由気ままな生活をしている。あ〜猫になりたいなぁ。こんな姿を見るたびにそう思う。

よく見ると耳に蛍光色のピアスをしている。なんてオシャレなんだろう。顔はまん丸で実に穏やかな表情をしている。ちょっと太り過ぎ。でも、安心してこの場所にいることは一目瞭然だ。

早朝、近隣の奥さんが道路脇でこの猫にエサを与え始めた。昔の「ねこまんま」とは違い、タイとマグロのキャットフード缶詰である。なんて贅沢なものをもらっているのだ。奥さんは傍らでエサを食べている猫をじっと見ながら散歩中のお爺さんと立ち話。猫が食べ終わると、あとをきれいに片付けていなくなってしまった。

オイオイ、単なるエサやりさんかよ。お腹を空かしてかわいそうだからとエサを与えるだけの人が多いのは事実だ。でも食べたら必ずウンチもするだろう。どこでするか分からないから掃除はしないという人も結構多い。しかし、毎日庭でウンチをされて迷惑している人がいることも考えないといけない。

2時間後、さっきのエサやり奥さんと数人の奥さんが空き地で掃除を始めた。なんと空き地の角には、砂や落ち葉で作った「猫のトイレ」が数ヵ所に用意されていたのだ。しかも猫はそこにちゃんとウンチをしている。これなら楽だし、苦情も減る。

その後、奥さんたちは楽しそうに道路も公園も掃除をしていた。傍らでピアス猫が通学途中の子どもたちに撫でられて目を細めている。ピアスは不妊去勢手術済みの証である。

この猫はいったい誰の猫なの。個人の飼い猫でも、ノラ猫でもない。これが噂の、地域が飼い主の「地域猫《ちいきねこ》」なのだ。

私は昭和55（1980）年、横浜市役所に入所して保健所（現在の福祉保健センター）に配属された獣医師である。

当時は、放し飼いの犬やノラ犬が我が物顔で街を徘徊していた。その後、犬種の変化、行政の啓発成果（？）によって、放浪犬に代わってノラ猫が多くなってきた。おそらく

犬が適切に飼育管理されたことによって、天敵である放浪犬が減って、ノラ猫が自由奔放に生活できるようになり、人の目につくようになったのだろう。猫に関する苦情は実に多く、内容も様々である。

「庭を掘って荒らす」「盆栽を壊された」「花壇や畑にフンをされた」「フン尿で芝生が枯れた」「尿の臭いがひどい」「夜の鳴き声がうるさい」「タイヤを傷つけられた」「新車の上に足跡をつけられた」「車のエンジンルーム内に入って巻き込みそうで怖い」「エアコンホースで爪とぎされた」「物置で何匹も子猫が生まれた」「ゴミを散らかしている」「小鳥や金魚が襲われた」「ノミをうつされた」「動物アレルギーがある」「ひっかかれた」「玄関先に吐き戻された」……。

サザエさんの漫画のような「焼き魚を持って行かれた」なんていうのもある。

さらには、「エサやりをやめさせろ」「捕まえて処分しろ」と怒鳴る人も多い。「昔ネズミ算、今ネコ算」と言われるくらい子猫がたくさん生まれ、悪戯しながら走りまわっている光景をよく目にする。クレームが生じるのは当たり前なのかもしれない。

それというのも、猫については犬のような登録制やつなぐ義務などの法律がないために、行政は明確な対策を講じることができず、極めてあいまいな対応に終始せざるをえなかったからである。

とはいえ、市民が困っていることをなんとか解決できないものか。動物行政を担当している獣医師なのだから、人も猫も納得する何か良い方法を見つけたい。「早くノラ猫をなんとかしろ！」と怒鳴られる日々の中で常々考えていたのが「地域猫」なのである。

地域猫とは、「ノラ猫を不妊去勢手術の徹底、エサの管理、フンの清掃、周辺美化など地域のルールに基づいて適切に飼育管理し、ノラ猫の数を今以上に増やさないで一代限りの生をまっとうさせることで周辺住民の認知が得られた猫のこと」である。すなわち、ノラ猫を地域という大きな家族の中で、正しく管理して生活させようという発想だ。

今いるノラ猫を地域で飼育管理することによって地域猫へと移行させ、ノラ猫を減らしていこうという最も平和的な解決方法である。この考え方がどんどん広がれば、人と猫の共存が実現できるはずだ。

また、地域猫の考え方は、猫トラブル解決の一つの方法にすぎないが、今、最も必要とされている地域のコミュニケーションを図る意味でも有効な方法であると考える。

クレームの内実を見ると、本当は猫とは無関係な「近所とのトラブル」が多い。「ゴミの出し方が悪い」「挨拶の仕方が悪い」「ピアノの音がうるさい」「犬の鳴き声がうるさい」「布団をはたくときの埃が飛んでくる」……。

このようなあらゆる不満もぶつけられる。「職歴や学歴」「金持ちと貧乏」「嫁姑の関係」などの話もよく出てくる。とにかく話は長い。1時間や2時間は当たり前だ。「猫の苦情はどうしたの?」「私はここにいる必要があるの?」と思いながらも、ひたすら話を聞く。まるでソーシャルワーカーのようである。

要するに、「愚痴」を言うきっかけとして、猫のトラブルを持ち出してきただけのことが多いのだ。日頃近所とほとんど話すこともなく、自己中心的な生活を送っている人たちがあまりに多くいることで、近所同士のコミュニケーションが不足しているのかもしれない。こうした問題も、ノラ猫をテーマとして地域住民が一致協力することで、解決できるきっかけになると考える。

個人でひたすら猫を追い払うことに時間をさいている地域も、私としては、そんな寂しい考えはさっさと捨てて、時間はかかるけれども必ずトラブルが減る方法を選んでほしいものだ。この瞬間から考え直して、勇気を持って近所へ声かけすることから始めればよいだけのことである。

この本は、私が保健所職員として猫の苦情対応に奔走し、今では最善の方法であると確信する、人と猫の共存をめざす「地域猫」を構築・実現するまでの道のりや数々のエピソードをまとめたものである。

行政の動物担当者をはじめとして、ノラ猫の迷惑で困っている人、こっそりエサを与えている人、またノラ猫対策のボランティアとして活動している人などに読んでもらいたい。もちろん、隣近所と好ましい人間関係を築いていくための参考にもしてもらいたいと考えている。

「地域猫」のすすめ

ノラ猫と上手につきあう方法

もくじ

もくじ

もくじ

イラスト◎金 斗鉉

「地域猫」のすすめ

ノラ猫と上手につきあう方法

第一部　「地域猫」はこうして誕生した

■ノラ猫問題は人に原因

最近は空前のペットブームである。品種改良された猫たちは伴侶動物として飼い主から豊富な愛情を受けながら飼育され、飼い主に心の癒しを提供することでお互いに良好な関係が成立している。

一方、ノラ猫の流れを継いで外で自由に生活する猫たちは、栄養良好なエサや安心できる居住場所、温暖化による影響、天敵である犬の飼育管理などのため、健康状態、繁殖能力、子猫の生存率が向上し、生息数が著しく増加した。

昔もノラ猫はたくさんいたはずであるが、どこで排便・排尿をしても、ゴミを漁っていても、発情期に鳴いていても、それほど気にされずに生活していた。ところが、高度経済成長とともに、人が、人を中心とした、人の生活しやすい環境を作り始めた。山林や畑、空き地はマンションや住宅地へと変貌し、道路や公園の拡張・整備によって大変便利な都市へと姿を変えていった。そして、人を中心とした生活環境において、増えすぎたノラ猫は大変迷惑な存在になってしまったのだ。

でも、よく考えると、猫が増えていった理由には、人が関与している部分がいくつかある。

原因① エサを与える人

1つめは「エサを与える人」の存在だ。

心にゆとりが出始めた時代と

CAT FOOD

ともに動物愛護意識も目覚め、外で生活するノラ猫に対しても手を差し伸べる人たちが多数現れるようになった。ところが、お腹が空いてかわいそうだからといって、一度にたくさんのエサを夜中・早朝の暗いときにこっそり置いていくだけの人、朝の通勤や通学時にエサを放り投げていく人の存在は、周辺住民の迷惑となる。

まず置きエサをすると、ハエが集まったり腐敗臭がしたりする。食べ残しのエサが散乱し、周辺を汚してしまう。

さらに食べれば出るものもある。臭いの強烈なフンを、庭や大切なプランターにされてしまう。

これでは誰でも怒ってしまうはずだ。エサやりをやめろということになってしまう。猫嫌いを増やす結果になってしまう。

結局、ノラ猫が悪いのではなく、中途半端な動物愛護意識をもった人が、ノラ猫問題の原因なのである。

原因② 猫を捨てる人

2つめは「猫を捨てる人」の存在だ。

猫が増えすぎてこれ以上飼育できなくなった人、転居で動物飼育禁止のマンションに住む人、妊娠したから猫がいると病気になると思っている人などが、終生飼育をしないで無責任に捨ててしまうのである。

これも人の身勝手さとしか言いようがない。明らかに「動物の愛護及び管理に関する法律」でいうところの「動物の遺棄」にあたる行為だが、なかなか捨てている現場に遭遇することができず、野放しになっているのが現状だ。

しかも、私のような保健所職員は捜査も逮捕もできない。飼育指導の範囲止まりであり、強制的な力の行使は警察しかできないのだ。ちょっと歯がゆい。

■ネズミ退治は猫の役目？

横浜駅周辺では、多くのネズミによる被害を耳にする。デパートやスーパー、地下飲食店街の食品倉庫、店頭商品への被害はもとより、喫茶店のカウンター や店内、通路を走り回るネズミの姿を目撃したとの情報も多数寄せられる。夜行性のネズミが白昼堂々と行動しているということは、かなりの数で生息していることを意味する。

猫はどんなに飼育管理されていても狩猟本能を失っていないため、動くものに興味を示し、追いかけて遊ぶ。現代はエサが豊富なのでネズミを食べることは少ないようだが、捕まえることは大好きだ。

私も横浜駅周辺の空き地で4匹のノラ猫が〝集会〟しているのを見たことがある。よく見ると、4匹とも口に大きなネズミをくわえており、まるで捕ったネズミの大きさを自慢し合っているように思えた。知られていないところで、意外と大活躍しているのかもしれない。

それでは、いよいよ〝猫さま〟にご登場いただき、ネズミを退治してもらう必要があるのか、明治時代のようにノラ猫をどんどん増やして自由に行動させればいいのかというと、そんなに甘くはない。現代は明治時代とは違った、新しい生活・社会環境にあるからだ。

ネズミ退治を目的として無計画に増やされ、自由に活動できるよう外飼いにされた名残で、

現在も「猫は外に出して飼うもの」というイメージがつきまとっている。

しかし現代は、外で飼うほうが交通事故や感染症、虐待などに遭う機会が多くて危険である。現状を理解したうえで判断すると、これからは「屋内飼育」を推奨していきたい。

ただし、これから猫を飼う場合は屋内飼育にするとしても、現在外で生活しているノラ猫たちはどうすればいいのだろうか。今のままなんの対処もしないのであれば、多くの近隣トラブルの原因となり、猫はますます嫌われ者になってしまう。

コラム　人と猫との関わりの歴史①

猫が人にとって身近な存在となったのはいつからなのだろうか。これには人と猫との関わりの歴史を振り返る必要がある。

現代猫の起源は紀元前４０００年ごろの、好奇心旺盛で人懐っこいリビアヤマネコと言われている。野生動物のように自分でエサを捕って食べるのではなく、人からエサをもらって生活することで人の周辺に居ついたと思われる。

やがて人が農業を始めると、穀物を狙ってネズミやヘビなどが倉庫にやって来るようになった。猫がネズミやヘビを退治したことから、人は猫を慣らして家の近くに置くようになっていった。これが猫のペット化の始まりである。

６世紀になると、古代エジプト人が飼い慣らした猫は世界中に広がり、やがてインド・中国・朝鮮半島を経て、奈良時代の日本に伝わった。仏教の伝来に合わせ、経典がネズミに囓《かじ》られるのを防ぐ目的で一緒に船に乗せて渡ってきたと言われている。

平安時代には、貴族たちが愛玩目的で唐（中国）から猫を輸入することが流行した。当時は貴重な輸入動物であったため、猫はつないだり、部屋の中で飼育したりすることが多かったようだ。

繁殖力旺盛な猫は鎌倉、室町時代に増え始め、一般の人にもつながれて飼われる様子が絵巻や絵画に描かれている。

■地域猫構想の原点「ねこバザー」

平成7年4月、私は、在籍していた横浜市衛生局から磯子区へ異動となった。異動して間もなく、S団地の祭りである「桜まつり」の一角で「ねこバザー」が開催されているのを目にした。昔聞いていた「ねこバザー」とはこのことだったのか、と思った。

その5年ほど前のこと、私が横浜市衛生局の動物保護管理係に在籍していた平成2年、市内の動物問題を検討する「横浜市動物保護推進検討委員会」が有識者、愛護団体代表者、市民らによって組織された。

テーマが「ノラ猫問題」のとき、メンバーであった磯子区の保健指導員会の役員が、自分の住んでいるS団地で実践している方法として、団地住民が責任を持ってノラ猫の面倒をみるという「みんなの猫」の例が紹介された。「年2回『ねこバザー』をやって、不妊去勢手術代を捻出しています」とも言っていた。

「ん、『ねこバザー』とはなんだ？　子猫を売っているのか？」

そのときに聞いた「ねこバザー」という言葉が、私には妙に印象に残っていた。そしてそれを実際に見ることができたのだ。

バザーで売っているのは猫ではなく、団地のみんなから集められた不用品の数々であった。お客である団地の住民に対して、猫を増やさないためのバザ

ーであることを明確にしながら、猫との共存を呼びかける活動を数人の主婦たちが交代でやっていた。本当によく人が集まり、よく売れていた。私も思わず500円で子どものためにシューズ乾燥機を買ったことを今でも覚えている。

不妊去勢手術のお金も稼げるし、猫問題に対して住民の理解を求める場にもなっている。一石二鳥の活動なのである。

「この地域の方法を参考にすれば、人と猫との共存はできる」と確信した。

この「ねこバザー」の経験こそ地域猫構想の原点となったのだ。

■法的後ろ盾のない行政の壁

「あなたは動物業務は素人なの？」

「行政が猫の問題に手を出したら大変なことになるよ」

「動物愛護団体は怖いですよ」

猫のトラブルをなんとか解決したいという私に、動物関係者の多くがこのような温かい(?)忠告をしてくださった。これらの言葉が示すとおり、当時、猫の問題に関して行政が動くことは一種のタブーとされていたのだ。

猫の飼い方に決まりはない

「動物の愛護及び管理に関する法律」というものがある。この法律はあくまでも一般的な事項、動物の所有者の責務、周辺の生活環境の保全など、大まかなことが規定されているだけなのである。

猫の飼い方についての具体的な事柄は「家庭動物等の飼養及び保管に関する基準」の中にある「ねこの飼養及び保管に関する基準」に載っている。人に迷惑をかけない、不妊去勢手術の措置を講じる、猫の健康と安全保持がうたわれている。

しかし、犬の法律（狂犬病予防法）にある「登録制度」や「係留の義務（つないで飼うこと）」などのように、猫についての明確な飼育義務はどこにも決められていない。つまり、猫を放し飼いにすることは法的に禁じられていないのだ。

そのため、屋外で生活を続け

るノラ猫と、屋外に出ている飼い猫との区別が非常に困難である。首輪・リボン・鈴などの飼い猫の目印をつけることは飼い主の努力規定であり、それの有無だけで判断することは難しい。

明確なのは「猫の扱いは不明確」ということだけなのだから、行政はなかなか捕獲・処分には手を出せないのである。

このような状況で、もし仮に、行政が所有者のいる猫を間違って捕獲・処分した場合はどうなるか。

刑法や民法、または国家賠償法に該当する可能性があるのだ。

猫は一部の人からエサをもらって屋外で自由に繁殖を続けながら生活している。それは違法ではない。猫の問題を規制するための後ろ盾となる法律もないのに、行政が積極的に手を出すわけがない。だからこれまで、明確な対応ができず、お役所仕事の典型的な「事なかれ主義」が続いてきたのである。

しかし、そんな考え方をしていたら、何年経っても何も変わらない。

「いつか誰かが始めなくてはならないのなら俺がやる」

そんなへそ曲がり的な反発精神から始まったのかもしれない。

ところがここに大きな壁があった。組織の壁だ。私1人では何もできない。

猫の問題に行政が手を出すと大変なことになるので、絶対にやらないという風潮があった。それだけに、不妊去勢手術を普及させることを目的とした「ホームレス猫防止対策事業案」を提案しても、行政内部で猛反発にあい、先に進むことはできなかった。

そこで行政内部を納得させるためにも、まず区民の理解を得ることに重点を置くことにした。平成7年秋のことである。

コラム　猫の飼育に関する法律

「動物の愛護及び管理に関する法律」（最終改正　平成17年6月22日）の基本原則には「動物が命あるものであることにかんがみ、何人も、動物をみだりに殺し、傷つけ、又は苦しめることのないようにするのみでなく、人と動物の共生に配慮しつつ、その習性を考慮して適正に取り扱うようにしなければならない」とある。つまり、この法律はあくまでも一般的な事項、動物の所有者の責務、周辺の生活環境の保全など、大まかなことが規定されているだけなのである。

猫の飼い方についての具体的な事柄は、「家庭動物等の飼養及び保管に関する基準」（平成14年5月環境省告示）の中の「ねこの飼養及び保管に関する基準」に載っている。人に迷惑をかけない、不妊去勢手術の措置を講じる、猫の健康と安全保持がうたわれている。しかし、犬の法律（狂犬病予防法）にある「登録制度」や「係留の義務」のように、猫についての明確な飼育義務は決められていない。

このような状況で、もし仮に、行政が所有者のいる猫を間違って捕獲・処分した場合はどうなるか。

飼い主からの訴えにより、刑法第235条（窃盗罪）又は刑法第254条（占有離脱物横領罪）、刑法第261条（器物損壊罪）に該当する可能性がある。また民法の解釈として、行政職員が「所有者の確認を怠ったために生じたもので、注意義務を尽くしたといえない」と解釈されると、民法第715条第1項（使用者責任）に基づいて行政側に損害賠償を請求されることがある。国家賠償法第1条第1項（公務員の不法行為責任）にも該当する可能性がある。

■苦情の中身を聞いて回る

保健所にいた私のところには、猫のトラブル解決方法がないことへの怒りの声が毎日寄せられていた。ものすごく数が多いわけではないが、1つひとつに切実な重みを感じた。

そこで、まず猫に関する苦情や相談を寄せてくれた地域に足を運ぶことから始めた。こういう地域は、猫に関わっている人、関心がある人がいる場所なので話が早い。まったく関心のないところに飛び込んでいっても、時間がかかるだけだ。

激怒する苦情者と話している中で、「猫が悪いのか、猫に関わる人が悪いのか、どのような状態になったらいいと思うのか」を冷静に聞き出していく。ここで頭にきては先へ進めない。

経験から身についたものなのかもしれないが、私は怒っている人と話すのが好きだ。だって自分の意見を持って主張しているわけだから、求める答えも自ずと見えてくる。

たとえば、あるとき保健所の業務開始と同時に真っ赤な顔をして怒鳴り込んできた町内会長がいた。これがまた小柄な体に似合わない大声で元気がいい。

「もういい加減にしろ。行政はチラシや看板、文書回覧程度しか手はないのか。捕まえて連れていってほしいくらいだ。うちの町内は近隣からも『猫町内』と言われるほどトラブルが多くて困っている。すぐに現場を見に来てくれ」

さっそく町内会長と地域を歩いて回った。たしかに、小さな町内のわりには猫の姿をたくさん見ることができた。地域の奥さんたちも、口々に猫の悪戯について語った。

現場を歩いて話を聞いて、わかったことが2つある。

1つは、猫の群がる場所が、何ヵ所かに集中していること。

もう1つは、地域全体とすれば、町内会長が怒鳴り込むほど深刻な問題としてとらえているわけではないこと。

つまり、一部の場所、すなわち猫の集まっている周辺でのみ、トラブルが起こっているこ

とが明確になったのだ。

　これを裏付けるように、町内会の役員の1人が地図を見せてくれた。町内会の地図上に、役員たちが観察した猫の生息数が赤字で記入してあった。

「ノラ猫マップ」だった。

　聞くと、この役員は町内会で「猫部長」という〝役目〟をもらっていたそうだ。

「この町内会ならなんとかできるかもしれない」

　私の脳裏に人と猫が共存するイメージが湧いてきた。

　ちなみに、この怒鳴り込んだ町内会長が、地域猫誕生の中心的役割を担うことになった。

■苦情解決のポイントを見つける

苦情の原因を聞いたら、次に「あなたが理想とする結果を得るためには、どうすればいいと思うか」を導き出していった。

「エサをやる人がいるから猫が増えて、フンや悪戯で困っている」という内容ならば、苦情者に対して、

「猫がお宅に来なくなればいいのか、猫が増えていくのが困るのか、エサをやる人にやめてほしいのか、フンの掃除をしてほしいのか、猫にいなくなってほしいのか」などを問いかけてみる。

ほとんどの人は「全部だ！」

と言う。これに対して「行政に全部をすぐに解決する方法はない」と答えると、「犬と同じように猫を連れていって処分すればいいじゃないか」と思っている人が多い。

ここがポイントだ。

命を絶つということで解決しようという最悪の選択を考える前にできることはないのか。

ノラ猫を生み出したのは人間なのだから、人間が責任を持って対応する必要があるのではな

いか。

都合が悪くなったら厄介払いしてしまうことでいいのか。

人と猫が共存するために、できることから1つずつ、地域のみんなでやっていくように説明する。

ここで感触が分かれるものだ。

まったく理解してもらえない場合は、今までどおり解決策はないので、猫が寄りつかないように自己防衛するだけのことだ（巻末資料①「猫が庭に入らない方法」参照）。

しかし、

「猫はいてもいいが多すぎる」

「フンの始末さえきちんとしてくれればいい」

「エサを置きっ放しにしないでほしい」

など、少しでも理解を示す態度が見られれば、次へ進める。

たとえば、人と猫との共存を目指した磯子区内のH団地の婦人たちがいる。

ある日、団地内でエサをあげているというご婦人が保健所に相談にきた。

「3人でノラ猫にエサをやっていますが、団地の人たちから、猫が増えて、フンもいたるところでしているので迷惑だから、エサやりをやめるように言われています。しかし、自分たちは猫のためになんとかエサを与え続けたい。何か良い方法はないものでしょうか」

まさしく目指している地域猫実現の可能性がありそうな話であった。

さっそく、人と猫とが共存するための地域猫の考え方を説明するとともに、すでに共存を実施しているS団地を紹介したところ、共存ノウハウを聞きに行き、自分たちの求めていた方法に活路を見出したという。

ちなみにこのH団地は、この婦人たちを中心に、地域猫の広報的存在にまでなった地域である。

■猫問題の話し合いの場を設ける

次に、地域の住民を巻き込んで、猫の問題を話し合う場を設定していった。

自治会・町内会の会合や役員会、各班の集まりなどに出向いて「猫問題解決の一手段である猫との共存、すなわち地域猫の考え方」を説明し、猫の問題を地域の問題として取り組む姿勢を促していった。

地域の会合は、公務員の勤務時間外である夜の開催がほとんどであった。

休庁日の土曜夜8時からの会合は、子どもの寂しそうな目もあり、正直言って足取りは重かったが、話を聞いてくれる地域があれば駆けつけた。今にして思えば、結構そういう地域ほど熱心な議論を展開していたような気がする。

たとえはじめは5人でも、二度三度と重ねるうちに参加者が増えていくことほど嬉しいものはない。これを手ごたえというのであろう。

動物病院にも協力要請

さらには、地域の動物病院にも協力を要請した。

当時、磯子区内には9つの動物病院が存在していた。普通、同業者は商売仇であり、相手の様子をうかがいながら距離を置いているものである。

ところが磯子区内の先生たちはひと味もふた味も違っていた。それぞれの個性が十分に発揮される雰囲気があり、非常に

バランスが良かったのだろう。
長老を筆頭に、理論派学者肌の先生、穏健派、若手行動派、職人技術派というメンバーは、素晴らしい人間性と技術を持ったスペシャリストだ。みんな地域猫事業に協力的で良き理解者であった。協力程度に差はあっても、誰1人反対を唱えることなく、全部の先生が事業を支えてくれた。
まずは地域の中でよく話し合うこと、そして猫の問題は人間の問題であると認識してもらうことこそ、最も大事なことなのである。

■上司の粘り、行政内部に変化

こうして地域の中で着々と共存の意識が広がり始めたころ、行政内部にも変化が表れた。猫の問題解決に向けて、「行政として積極的に事業化していこうじゃないか」という雰囲気が係内全員に生まれてきたのだ。

平成8年秋、「磯子区ホームレス猫防止対策事業」を再度提案した。しかし、またまた大きな壁にぶち当たった。事業を始めるには、予算を獲得しなければならない。それには区役所全体の事業承認が必要となる。これがまた大変に時間と労力を要することなのだ。

みなさんは「すぐできるだろう」「モタモタしてないでサッサとやってほしい」と思うことがたくさんあるだろう。だが、役所の手続きは複雑で、そう簡単にできることではないのだ。

まず事業計画案を担当者が起案する。そこから区役所内部の事業承認レースはスタートしていくわけだが、先は長い。

起案用紙には、事業を承認してもらうために必要な部署の管理職の承認印欄がびっしり並んでいる。事業担当課、予算担当課、総務担当課の職員、係長、課長、部長、次長、区長の承認印を1人ずつもらっていくのだ。その間、何度も事業内容の説明を求められ、必要性を主張し、説得にまわるのだ。

大変面倒なので新しいことをやりたがらない職員が出てくるのも理解できる。役人の「事な

かれ主義」は、この辺にも原因がある。事業実施までの手続きがもっと簡略化されれば、ずいぶん行政も変わるだろう。
まあ、愚痴をこぼしても仕方ないので、とにかく行政の仕組みに従って、区役所全体に理解してもらうしかないのだ。
ここで重要な役割をするのが上司だ。私は現場一筋の平係員に過ぎないので、上層部の人たちとのコンタクトは、主に上司である係長と課長の仕事だった。予算のヒアリングがあった日などは、夜の11時まで粘って説明したという話を聞いたときは感激した。本局などでは当たり前のことだろうが、一区役所で、しかも猫の事業で、そこまで熱く語ることなど、当時はあり得ないことだった。

言い忘れたが、横浜市では犬猫の業務は保健所の「食品衛生係」の所管である。誰もが「なぜ？」と驚く事実である。

獣医師は私1人で、他のスタッフは食品衛生のスペシャリストである。私も他のスタッフも動物業務、食品衛生業務を専門にやっているわけではなく、数ある業務のうちの1つとしてやっている。動物業務、特に猫の問題は時間のかかる大変な業務であり、あえて仕事を増やすことに賛成してくれるわけがないのが普通だ。

だからこそ、課長や係長の粘りは意義があることだった。当時の課長、係長の強靭な粘りとともに、未開の領域に快く協力してくれたスタッフのみんなは「地域猫誕生の功労者」であり、事業を承認してくれた区役所関係職員に感謝、感謝である。

粘りの甲斐あって、ようやく次年度（平成9年度）から3年間の事業として「磯子区ホームレス猫防止対策事業」が承認された。事業の目的は、「猫の飼い主に自覚と責任を持ってもらうと同時に、ノラ猫に対しては排除することで問題を解決するのではなく、共存するために各種活動を実施して地域ぐるみで解決を図ること」だった。

初年度の獲得予算は50万円。わずかな予算だが、これが全国の動物行政担当者を驚愕させる一大事業のスタートとなった。

コラム　人と猫との関わりの歴史②

慶長7（1602）年、徳川家康が江戸幕府を開く1年前に、「猫をつないで飼ってはいけない」とのおふれが京の都に出された。戦乱が終わり平和になったことへのアピールとともにネズミ退治をしてもらって綺麗な町にすることを意図したと言われている。ここからノラ猫が始まったと考えられる。徳川5代将軍綱吉公による「生類憐みの令」によって、つないで飼うこと、売買することが禁止された影響も大きい。

明治32（1899）年、日本でペストの大流行があり、大勢の人たちが亡くなった。ペスト菌は、ネズミのノミが媒介して人に感染させていく病気であることを北里博士が発表した。するとネズミの天敵である猫の存在がクローズアップされ、どの家庭でもペストの感染を予防するために「ネズミ退治用の猫」を我先に飼うようになった。

また、細菌学の父コッホ博士がペスト撲滅のために次の提案をしていた。

①一家に一匹の猫を飼う制度を導入する

②ネズミ捕りの上手な猫を輸入し繁殖させる
③良い猫を作るために猫の品評会を開催する

その後、東南アジアなどからの輸入も多くなり、日本の各地で飼い猫がどんどん増え続けていった。ところが大正15（1926）年にペストの流行が収まると、ネズミ退治として重宝していた猫の存在はさほど必要ではなくなった。次第に飼い主の手から放され、自分で生活するノラ猫が増加していった。

■区内に猫が何匹いるのかを調査

平成9年4月、事業1年目がスタートした。まずノラ猫に対する区民の意見や考え方、ノラ猫の実態の把握をすることを始めた。その1つが「猫の飼育アンケート調査」である。

「区内に猫は何匹くらいいるのですか?」とよく質問されることがあった。登録制度のない猫の数など把握したこともない。「犬と同じくらいでしょう」などといい加減な回答をしていたものだが、事業として進めるからには、おおまかにでも実態を把握しておく必要がある。そこで目安となる猫の生息数を把握するために、区民に協力してもらって「猫の飼育アンケート調査」を実施した。

数字上はおよそ犬の3倍はいるようだ。ただし猫は1カ所に留まらず、数カ所で生活している。1匹しかいないのに、みんなが"自分の猫"と考えて呼び名を付けているため、重複してカウントされているケースが多々あった。アンケート結果は多すぎると考えたほうがいい。

【アンケート結果の推計(平成9年5月時点)】

〈磯子区の世帯数〉6万6152世帯(人口16万7994人)

〈猫を飼っている世帯数〉8820世帯(13%)

〈猫を飼っていない世帯数〉5万7540世帯(87%)

〈猫の飼育数〉1万5940匹(屋内飼育1万640匹、屋外飼育5300匹)

■飼い主に「猫首輪」と「IDペンダント」

猫の飼い主に、飼育することへの責任と自覚を持ってもらうため、保健所へ飼育申出の手続きをした飼い主には、赤い革の「猫首輪」と、迷子札代わりの「IDペンダント」を無料で配布した。強制ではなく、あくまで任意のものだ。

ところがこのことを新聞記事で知った全国の動物愛護団体や個人から、抗議の電話・ファックス・手紙が殺到した。予想どおり、猫の問題に行政が手を出したら大騒動になった。私の机は日に日に抗議文の〝山〟が高くなっていった。

「ノラ猫を捕獲・処分するための目印に首輪を配布している。行政がなんの意味もなく、無料で首輪を配布するわけがない。首輪をしている猫と、していない猫を区別するものだ。処分反対！」

「そんな事業、即刻中止しろ」

「首輪が引っかかって猫が死んでしまう」

みんな勘違いしているのにすごいパワーである。

今考えてみれば大変失礼な話だが、当時の〝猫行政〟はまったく信用してもらえていないし、住民との協働など考えられない時代だったのだ。

「我々がやろうとしているのは、猫の排除ではなく、共存の道を探るという発想の転換で、先の長い計画のたった1つの事業にすぎない」ことを必死で説明して、今後進めていく事業内

容を見てから反論してもらうことで一応抗議は治めることができた。
なんでもそうだけれど、最初の一歩は大変だ。だから行政も、どこかが始めたらその情報を集め、反響、不備を精査して2番目からなら喜んで始めるのだ。
いきなり洗礼を受け、全国の猫行政の矢面に立ったかたちになったが、私には自信があった。自信があっただけに、私自身は抗議とはいえ、激しい反応は妙に心地よかった。
ファンレターでもないのに、全国から寄せられた手紙は今でも持っている。

■シンポジウム（通称「ニャンポジウム」）の開催

より多くの区民の意見を反映させるために、区内3カ所の会場でシンポジウム（通称「ニャンポジウム」）を開催した。猫に関して好きも嫌いもみんなで考える機会と捉え、広報で参加を呼びかけた。

普通このような集まりでは、好きな人ばかりか、嫌いな人ばかりで、かなり偏った意見集約になってしまうものだ。できるだけ両者が出席して意見を出せるように、苦情を言っていた人や地域の人、エサを与えている人、共存を始めた地域の人など、いろいろな立場の人へ声をかけた。

より多くの区民に参加してもらうために各種発行物で広報はする。しかし、広報を見て来たなんていう人はあまりいないものだ。これは、「みんなに呼びかけた」という行政の自己満足でしかない。

また、興味もない関係者に動員をかけて席を埋めるなどの姑息な手段はまったく意味がないものだ。やるだけ無駄な時間と労力を費やすことになる。

本当に人を集めたいならば、開催テーマに切実な中心人物と接触して、主旨を説明したうえで仲間に呼びかけてもらうことが一番だ。自分1人だけで参加するのはみんな抵抗があるが、グループだと集まるものだ。

ただ担当者としては、シナリオのない、まったく予測のつかないことだけに、大混乱、大喧

嘩が起こる可能性もあり、正直怖い気持ちで一杯だった。
そんな不安の中、6月29日に1回目のシンポジウムを迎えた。
ここで最も大きなウエイトを占めたのが、シンポジウムのコーディネーターの存在である。意見の違う両者を、中立の立場で冷静に判断し、進行できる人物が必要である。保健所や区役所の人では関係者になってしまうし、動物愛護団体の人では愛護派に偏ってしまう。この人選がポイントである。
このときは、動物に関わりはあるが、猫には特に影響のない動物園の園長にお願いした。これが大当たりで、双方の信頼を得て、スムーズに捌き通した。

猫好きの人と猫で迷惑している人が意見を交し合った。次から次とよくもまあこんなに話があるものだと感心してしまったが、両者の意見は、人は替われど内容は同じである。

猫擁護派は、「ノラ猫が悪いのではなく、捨てた人間が悪いのだ。不適切な飼育をしている飼い主への対策の徹底と、今存在しているノラ猫に不妊去勢手術を徹底し、地域の中で生存させたい」との意見が大勢を占めていた。

一方、猫嫌悪派の意見は、「かわいそうだからといって無責任なエサのやり方をするから猫が集まるのだ。子猫が生まれてどんどん増えている。臭いフンや尿を周辺に撒き散らされて迷惑だ」というものであった。

初回だけかと思ったら、2回目（9月7日）もほぼ同様に平行意見を出すことで終わった。

両者の言い分はどちらも理解できる。しかし、双方が意見を主張し合っていてもキリがない。一部の人間が争うだけで猫にとってはなんのメリットもない。今のままでは、関心のなかった人々をかえって猫嫌いにしてしまうことになりかねない。

そこで、3回目（11月30日）に猫問題解決の方法として、お互いが歩み寄りの気持ちを持って譲歩してもらうことで、解決の糸口を見出すことができた。

大きく分けて2つある。

1つは、今以上に猫の数が増えないように不妊去勢手術を徹底すること。

もう1つは、猫の世話をするからには周辺地域で最低限守らなくてはならないある程度のルールを決めて、それに従って徹底すること。

このシンポジウムは、広報の区版、お知らせ、自治会・町内

会の回覧、新聞記事などにより猫問題について意見、関心のある区民の参加を広く呼びかけた結果であり、町内会長、自治会の環境衛生担当者、保健指導員などの地域代表をはじめとして愛猫家、猫で迷惑している人など様々な立場の人たちの意見であり、この内容が「区民の声」そのものであったと考える。
　私はシンポジウムの議事録を作っていたが、そのときの意見・やりとりがあまりにリアルで面白かったので、参加できなかった人にも前向きに考えている様子を知ってもらうために冊子にまとめて区民に配布した。

■マスコミ報道の影響

行政が猫の問題に手を出したとの話題性から、テレビ、新聞、雑誌などのマスコミ関係者から注目を浴びることになった。テレビに映る、新聞に載るなど夢のような話で、ミーハーな私は嬉しくてワクワクしたものだった。しかし、現実は夢ではすまない大きな傷を残した。

2回目のシンポジウムには、NHKと民放テレビ局の2社が撮影に入った。意見の違う参加者がそれぞれの立場で発言し、結構内容のあるものであった。

ところが民放テレビの放映を見て呆然とした。まったく主旨の違う内容であったからだ。

まずタイトルがすごい。

「野良猫騒動の町で、住民戦争勃発」

「住民の怒り激突、猫愛護派と迷惑派」

そんなにもめているわけではなく、区民の意見を聞く場として設定しているのだ。番組はシンポジウムの流れとも違い、発言のつながりも順番も変えて、見る者にとって非常に面白く、興味をそそる内容になっていた。

たとえば反対派の町内会長が、発言者の誤解を訂正するために「ちょっと待ってくださいよ」と発言すると、その場面ばかりが声大きく何度も映し出され、まるでケンカを売っているように描かれていた。なんとか良い方法で解決しようとしている善人が、まったくの悪人に仕

立てられてしまった。
　テレビを見ていた区民からも「磯子区はそんなにひどい街なのですか？」と問い合わせがきたくらい衝撃的な内容だった。やはり視聴率を上げるためには、ここまで作り込むのかとガッカリしたものだ。
　それに比べてＮＨＫは、事実どおり、地味に紹介してくれた。同じ場面もここまで違うと、怒るより笑ってしまうものだ。
　その後も民放各局が取材に訪れたが、どれも誇張された内容ばかりであった。以後私は、特集報道を気持ち半分に見るようになった。

■反対派に傍聴してもらう

シンポジウムの3回目には、「ホームレス猫防止対策事業」に反対意見や抗議をしていた人たち、動物愛護団体の人に傍聴してもらい、我々が何を目指しているのかを実際に見極めてもらうことにした。行き当たりばったりの事業ではなく、将来的なビジョンをもったうえでの第一歩であることを理解してもらいたかったからである。ただし、あくまでシンポジウムは区民の意見を聞く場である。そのため、区民以外の人の発言は断り、傍聴だけの約束とした。

区民と区民以外の区別を明確にしないと混乱するので、区民以外の人のために会場の後方に傍聴席を用意した。時間とともに傍聴席に座る人は増え続け、受付にいた私に「行政の考え方を明確に聞きたい」と言って席に着いた人もいた。静岡、東京、埼玉、千葉といった県外からもわざわざ傍聴に来ていた。遠方からの傍聴者がいたことに驚くとともに、インターネットの情報の速さと、テレビをはじめとするマスコミ報道の影響の大きさにビックリしたものだった。

シンポジウム終了後、反対派の人々は口々に、「誤解していたところがあり一応の理解はできた。しかし、本当に行政が夢のような共存事業を実現するのか、今後の展開に注目する」と一応は評価したようなコメントを残して帰っていった。この後、抗議は一切なくなった。

■「飼育ガイドライン」の完成

大騒動で始まった事業だが、話題も一段落するとやっと落ち着き、シンポジウムで提案された「エサやりを含めた猫の適正飼育ルールづくり」の検討を2年目の事業として着手した。

さっそく平成10年5月に磯子区のルールを作るための「磯子区猫の飼育ガイドライン検討委員会」の委員を区民から募集した。メンバー構成は、区民公募9名、区の獣医師2名、動物愛護団体3名の計14名。1年かけてじっくり1行ずつ検討し、平成11年3月10日に「磯子区猫の飼育ガイドライン」が完成したのである。

このガイドラインは、「今飼育している猫がホームレス化しないようにする一方、現在地域に住みついて人からエサをもらって生活している飼い主のない猫を、地域住民が適切な飼育を行い管理することによって『地域猫』と位置付け、飼育責任の所在が明らかな猫へと移行させていき、その結果としてホームレス猫の減少を図る」ことを基本的な考え方とし、人と猫が共存していくために最低限守るべきルールとなることを期待した。

このガイドラインで「地域猫」という言葉が定義づけられ、新語として誕生した。

ところで、このガイドライン検討委員会で、ルール作りのために一番時間を割いたのは、どの程度のレベルに設定するかであった。誰でもが簡単にクリアできるレベルにするのか、誰もが守れない難しいレベルに設定するのか、委員の意見もそれぞれであった。激論の末、「今猫の世話をしている人が、今はできていないけれど、もう少し努力をすればクリアできる」レベルに落ち着いた。

結構厳しい内容ではあるが、猫の好きな人も嫌いな人も、両者が納得するためにはお互いが歩み寄るしかないのだ。このガイドラインは、両者に有効だった。嫌いな人は、「ガイドラインを守ってほしい」と注意に使うし、好きな人も「もう少し努力して達成するための目標」にしていた。

こうして完成したガイドラインを、より多くの区民に読んで理解してもらうために、1000部のガイドラインと5000部のダイジェスト版を作成・配布した。今思うと、作成したガイドラインはずいぶん区外へ出ていったような気がする。区役所のホームページもなかった時代だから、区外、市外の知りたい人にとっては現物を入手するしかなかったのだ。

問い合わせがあるたびに喜んで郵送してあげた。なぜなら猫の問題が全国どこでも発生していたので、これが参考になって活用してもらえればいいと思っていたからだ。

ただし、まったく同じ内容ではダメだ。ここで作成したガイドラインは、磯子区の生活環境、意識レベルに応じて作られたものだからである。これをベースにして、自分たちの地域にふさわしい独自のルールを作っていけばいいのである。

コラム 「地域猫」が流行語大賞にノミネート

平成11年3月10日に完成した「磯子区猫の飼育ガイドライン」で「地域猫」という言葉が定義づけられ、新語が誕生した。これを発端として全国に広がり、今では日常的にも使われるようになった。

平成12年には流行語大賞社会新語部門にもノミネートされていたそうである。賞に輝くことはなかったが、落選して良かったかもしれない。流行語とはその年だけの流行であり、その後は廃れるものと私は解釈している。地域猫は一時の流行で終わってほしくない。

「地域猫」という言葉は、単純だがなかなか良い響きを持っているので私は好きだ。学会発表では「コミュニティーキャット」と言っていたが、やはり地域猫の方が一般大衆向けである。格好よく使いたい人は、「プライベートキャット（飼い猫）」「ストリートキャット（ノラ猫）」「コミュニティーキャット（地域猫）」と分類するとお洒落かもしれない。

プライベート
キャット
ストリート
キャット
ゴミ
コミュニティー
キャット

■ガイドラインの普及活動

ガイドラインができ上がったら、今度はこれを普及させなければならない。

行政が作った法律や条令ではないので強制力も罰則もない。みんなで考えて作ったルールだからこそ、みんなで盛り上げていく必要がある。

そこで3年目に実施した事業が地域猫を実践するグループの募集と区民の組織を作ることであった。多くの区民の手で猫問題を解決していくための協議会設立である。

自治会・町内会、エサやりのグループ、団地住民、動物病院の獣医師たちが中心となって、行政主導ではない独自の「磯子区猫の飼育ガイドライン推進協議会」が平成11年8月2日に設立された。

住民主導といっても、行政が手を引いて、区民に押しつけたわけでは決してない。ちゃんと後ろ盾となって、行政としてできること、すなわち広報手段や苦情対応などの予算措置以外でバックアップした。

財政厳しき折、予算の獲得は至難の業であり、期待しないほうがいい。

「行政が不妊去勢の手術代を全額負担してほしい」

「手術代金を助成してほしい」

という声をよく聞くが、私は行政に手術代としての予算を要求することをあまり勧めない。

なぜか。ここで少し、行政の裏話を紹介しよう。

補助・助成金の落とし穴

行政が手術代の補助なり助成をすることは、まったく不可能ではないと思う。しかし、ここには大きな落とし穴がある。

行政といっても専門分野がいろいろある。我々のように日々現場の外回りで苦情対応している者もいれば、行政の財布を握っている事務方もいる。現場で必要な事業だと思ったら、まず事業計画を作成する。そして事業を執行するのに必要な予算を得るために、この事務方を説得していく。

ここが最大のポイントであり、腕の見せどころでもある。

事務方は、少々の泣き脅しではびくともしないし、冷血なほど情にほだされることもない。彼らの信じるものは数字だけである。

不妊去勢手術の必要性、継続性は現場の動物担当者なら誰もが分かっていることだが、事務方の見解はちょっと違う。

たとえば、手術費用助成事業案が通過して実施にこぎつけた場合、みなさんは大喜びするだろう。ところが、実施された事業はだいたい3年で区切りをつけて見直される。3年後、猫の苦情数が減った、猫の引き取り数が激減したなど、手術の成果が数字で好結果になったと判断された場合、その時点でもはや事業継続の必要性はないと判断され打ち切りになる。

逆に3年後、猫の苦情数は減らない、猫の引き取り数も減らないなど、成果が上がらない事業は、見直し打ち切りの対象となる。

当然事務担当者も替わっていく。どんな結果になっても、長続きの可能性は極めて低い。しかも一度打ち切られた事業は、当分の間復活する見込みはないと思ったほうがいい。

私は、そんな長続きしない不

安定なことに予算を回すより、長続きする方法として「地域の人を育てる」ことに予算を回した。それが協議会という組織作りなのだ。これなら、数字に左右されないで人々の活躍次第で飛躍が望める。そのための組織立ち上げ準備資金を予算化したのだ。

協議会が設立されてガイドラインが徐々に浸透し始めると、主旨に賛同してくれる人たちが磯子区内だけに留まらず区外、横浜市外、神奈川県外へも少しずつ増えていった。

追い風が吹き始めたら、いい感じで活動が進んでいった。

■地域猫実践グループの募集・支援

地域でノラ猫の世話をする数人がグループを作り、責任者を決め、エサ場・時間や方法などの内容を記載し、ガイドラインに基づいて適正飼育することを申請すると「地域猫実践グループ」の称号を与えた。今までコソコソと隠れて夜中にエサを与えていた人たちが、堂々とエサを与えられるようになり、その分責任を持って猫の管理をするようになった。

周辺住民の声も「エサをやるな」から「エサを与えてもいいから、きちんと管理してほしい」へと変わっていった。

平成11年9月には4グループだったが、1年後には23グループが申請し承認された。

そこで地域猫実践グループの活動を周辺地域の人にもっと知ってもらうために、ちょっとセンスはないが、真っ赤なプレート「地域猫を実践します！」を200枚作成した。とにかく目立てばよいと思っていた。プレートの下にグループ名を記入して壁に貼れるようにした。

当初13グループの地域に貼り出していたが、なんとこのプレートの下に子猫が捨てられるようになった。目立つプレートが「子猫を捨てる場所の目印」になってしまった。ここに捨てれば面倒をみてくれると思ったのだろうか。とんでもない奴がいるものだ。おかげでせっかく作ったプレートは、倉庫に眠ることになってしまった。残念！

■事業が継続、そして磯子区から西区へ

夢中で奔走した3年が過ぎ、事業見直しのときがやってきた。しかし、これだけ話題をまいた事業なので打ち切るわけにはいかなかった。そこで新しい事業名「動物と暮らすゆとりのある街づくり事業」であと3年間、地域猫事業の確立を目指してさらなる充実を図ることにした。

衛生局在籍当時、動物事業で予算要求をするときに苦労したことがある。事務方が「動物愛護の普及成果を数字で示せ」というのだ。

啓発イベントの参加者数、チラシ・パンフレット・プレートの発行枚数、意見、要望、苦情の数など数字になるものはいくらでもあるが、こんなもので判断できるはずがない。動物愛護精神・思想の普及は、形に表せるものではないから1年程度の事業で明確に結果を示せるはずがない。みんな気が短すぎる。今から事業を始めたら10年後に結果が出るものだ、と私は思っている。その当時から比べると、事業がすんなり継続したのは夢のような話だ。

平成12年4月からの1年で、ガイドラインの普及と協議会の充実、地域猫実践グループの育成・拡充を図り、徐々にではあるが区民に浸透し、協議会も実践グループも安定してきた。

ここまでくれば、地域のトラブルも地域で解決し、苦情を言う人よりも相談する人のほうが

増えて、保健所も余裕のある対応ができるようになった。

磯子区の地域猫が上手く軌道に乗って動き出したことで、ホッとひと安心していた矢先のこと、平成13年4月、6年携わった磯子区から西区（西保健所）への転勤を命ぜられた。

ふつう我々の職種は5年で強制配転であり、引き取り手がないために1年長く伸びたのかと思っていたが、磯子区の獣医師会と猫の協議会が、前年から私の配転延長の嘆願書を区長に出していたことをあとで聞いて、驚くとともに嬉しさが込み上げてきた。

本当に役に立ったかどうかは分からないが、地域の人たちの気持ちが嬉しかった。地域猫発祥の地・磯子区は、私にとって忘れられない思い出の地だ。

しかし、いつまでも過去に浸っている場合ではないので、新天地でも地域猫の開拓を始めようと意気込んでいた。

赴任して早々街を歩いてみると、なんだか様子が磯子区と違う。猫と高齢者が町の至るところで目に入り、公園を子猫が走り回り、神社の境内や賽銭箱にも猫がたくさん昼寝している。エサを置いている高齢者もいる。まわりの人も何も言わないし、苦情も少ない。もうこの街では、猫との共存がされていて、地域猫らしくなっていた。「この区で私の出番はないのか」とちょっとガッカリしてしまった。

しかしその後、街の様子は急展開に変わっていった。マンション建設や家の建て替え、道路整備、鉄道整備が増え、それに伴って新しい住民、特に若い世代の住民が増加していった。都会化、世代交代の波が一気に押し寄せてきた感じだ。のどかで温かみがあった街の雰囲気は、いつしか冷めた感じに変わっていた。

すると猫に関するトラブルが寄せられ始めた。

「この街にはなんでこんなに猫が多いのか。前に住んでいたところでは役所が処分していた。おまえら仕事さぼっているのか」

「この街の人はおかしいのではないか。こんなにたくさんのノラ猫がいるのに平気でいる」

「行政は何もしないのか」

突然に元気のいい新住民たちが苦情を言ってくるようになった。

トラブルの発生が増加し始めたことで、再び私の出番がやってきた。

■西区での猫トラブルゼロ事業

平成15年9月、まず区民の意見を聞くためのアンケート調査を実施し、猫が起こす被害で困っている人52・6％、そのうちフン尿の被害が86・3％、敷地内への進入60・6％という被害実態を把握することができた。

これらの結果を踏まえて、平成16年4月から「猫トラブル『0《ゼロ》』をめざすまちづくり事業」として、動物愛護の精神に基づく方法で、猫に関するトラブルを減少させることを目的とした西区の猫事業をスタートさせた。

前例あり、スムーズに

事業内容としては磯子区の手法と同じだが、磯子区で6年かかったことをたったの1年でやり終えた。これは、「地域猫」という言葉と内容が、行政内部にも地域住民にもある程度知られていたために、比較的スムーズに受け入れられたからだ。まったく何もないところから始めた磯子区との決定的な違いだろう。今から始める自治体は前例があり、住民へも情報が普及されているので楽だと思う。

まず始めは、公募による「猫に関する検討委員会」を開催し、猫のトラブルを減少させる方策について検討を重ね、飼育ルールの必要性を結論づけた。

次に西区の地域特性を反映した「西区猫の飼育ガイドライン」を平成17年2月に完成させるとともに、ガイドラインに基づい

て事業の普及に協力してくれる猫ボランティアの人材発掘、育成を手がけた。

さらに活動の中心的役割を担う「西区の猫を考える協議会」を平成17年2月17日に設立させた。ここまでくれば、あとは行政、協議会、区民が協働でやれることから始めていけばよい。

ただ、みんながあまりにも事業名を短縮しすぎるために、誤解を招いてしまうことがある。「猫ゼロ事業」。これでは猫の数をゼロにするための事業のようである。あくまでも、猫のトラブルをゼロにするための事業である。

■ノラ猫虐待事件と動物愛護思想

平成17年2月、「掃部山公園に針金を巻かれているノラ猫がいるので助けてほしい」と区民から通報があった。ボランティアの協力で捕獲し、動物病院で針金をはずしてもらった。猫のシッポの付け根に太めの針金が巻かれ、何重にもねじられていた。明らかに人の手によるものだった。

その2日後、「掃部山公園の池の中で、シッポを針金で巻かれて死んでいた猫1匹と付近で死んでいた猫1匹がいた」との情報があった。

さらに「公園で腹部が傷ついた猫を見かけた」との連絡もあり、計4匹の猫が短期間に同じ場所で虐待されていることから、西区役所としては、今後弱者への凶行へ走る可能性も考慮してマスコミへ情報提供した。警察へも連絡をしたが、動物のことであり、動きは鈍かった。

逆にマスコミの動きは素早く、情報提供からものの15分でテレビ局や新聞社の取材が区役所に殺到した。最近の子どもたちへの凶悪事件が、その前兆として動物虐待があったという関係からか、かなりセンセーショナルに取り上げていた。

マスコミに情報提供した以上、区役所も捜査の権限はないものの他の見本となるように、できるだけの対応をやってみた。まず公園の管理者と連名の虐待防止看板の設置、周辺町内の掲示板用に虐待事件の発生お知らせポスターを作成し掲示依頼をした。さらに公園周辺の町内会役員や民生委員たちへ虐待事件の概要説明と再発防止のための協力要請を行った。警察のパトロール以外に、区役所としても夜の防犯パトロールを実施した。当然のことだが、警察や公園事務所をはじめとする関係行政機関との調整も速やかに行った。以後まったく事件がなくなったのは、マスコミをはじめとする区役所、警察、町内会の対応がかなりの抑止力になったため、と考える。

　しかしなぜこの時期に西区でノラ猫虐待事件が起こったのか。2月といえば、「西区猫の飼育ガイドライン」が制定され、区民に配布した時期である。ノラ猫との共存を区民にPRし始めたときだけに、この考え方に反対する人の抗議の意味なのか。ならば、行政への反抗、私に対する挑戦なのか。とにかくあまりにもタイミングが合いすぎたため気に病んだが、周囲のみんなからは「考えすぎだ」と笑われてしまった。

　私が新入職員の頃、ある小学校に動物愛護に関するポスターを依頼したことがある。そしてできあがった作品を見て驚いた。約3割の生徒が、箱の中で「助けて！」「捨てないで！」と叫んでいる数匹の子猫が川に流されている絵を描いていた。子どもたちにとっては、よく目にした光景であったのだろう。大人たちが当たり前のように捨てていた時代だ。この絵を描いた子どもたちが、大人になったときに同じようなことをしないように、捨てる行為の違法性や不幸な猫を増やさないための不妊去勢手術の必要性を必死に話したことが思い出される。動物愛護意識の普及とは、こんな小さなことの積み重ねであり、すぐに結果は出ないが10年後にはきっと報われると信じている。

■他区へ波及する地域猫

横浜市内で地域猫を行政が事業として後押ししているのは、18区のうちの3区になった。私が手がけた磯子区と西区のほかに青葉区がある。

青葉区もほぼ同じ手法で事業化されたが、地域性、住民性を十分に生かした独自のスタイルを作っている。私の手法をベースにして、それ以上に立派な方法を導き出していることに大いに満足している。

かわいい後輩が、苦労した先輩の意志を継いで、区民、獣医師会、区役所を動かし、頑張ってくれたことが何より嬉しい。

猫の問題で頭を抱えている行政担当者さん、猫の嫌いな住民のみなさん、イライラしないで、頭を柔らかくしてもう一度考えてみよう。

「地域猫の考え方」は、長い目で見ると間違いなく有効だ。これは自信を持って言える。

しかも、猫の問題だけではなく、人間関係までも改善してしまう立派な「街づくり事業」である。

さあ、できるところから始めてみよう。

第二部　「地域猫」実施マニュアル

■最低限必要なルール

地域猫を始める場合に大事なのが地域のルールである。

ノラ猫の生息する地域の地形、生活環境、住民意識などによって、必要なルールはみんな違うはずである。地域内でよく話し合って決めることが大切だ。ただし、どの地域でも最低限、次の4つのルールは必要と考える。

①エサやりの時間・場所を決める

エサやりは、時間・場所を決めて、後始末をしっかりすることが大切だ。エサを入れた容器や食べ残しはきちんと片付けないと、悪臭や害虫発生の原因になり大変な迷惑になる。

②清掃をしっかりする

エサ場周辺のフンなどの清掃をしっかりすること。

エサを与えた結果としてフン清掃は当たり前と認識し、フンだけでなく他のゴミや落ち葉など周辺環境の美化に配慮して、周辺住民と円満な付き合いに努めるとよい。

猫のトイレやそれに準ずるものを用意して、そこで排泄するように仕向けることも大切だ。猫はなかなかしてくれないけど、根気よくするしかない。

清掃をするタイミングだが、エサを与えて1時間から2時間で排泄を行うことが多いため、その時間に行うことを習慣にするとよい。どうしても夜エサを与える場合には、早朝に清掃す

ること。住民の生活時間にフンが目立たないようにすることが大事なのだ。
フンをどこでするか分からないではなく、分かるようにすることだ。これには住民の協力が不可欠である。

③不妊去勢手術を徹底する

ノラ猫を捕まえるのは大変難しいので、地域猫の主旨に賛同してくれる猫のボランティアに協力を求めることをお勧めする。根気のいる大変な作業だが、猫のことを一番に思っている人たちなので取り扱いも見事である。

手術料金は猫を管理する地域で捻出するわけだが、一口500円の募金徴収で実施できるところから始めていくことだ。

手術料金が高いというイメージがあるが、ノラ猫をこれ以上増やさないための地域猫の考え方に賛同してくれる動物病院もあるので相談してみるとよい。獣医師だって金儲けだけでなく、獣医師としての動物に対する愛護理念も持っている。きっと協力してくれるはずだ。

ただし、動物病院も営業なので無理な押しつけはやめてほしい。先生もボランティアの気持ちで快く受けてくれるのだから、感謝の気持ちを持って接してほしい。

行政が地域猫の考えをバックアップすれば、手術システムもでき上がり完璧となるのだが、いまだに静観中なのか、関心がないのか、やり方が分からないのか、一部地域以外は妙におとなしい。このマニュアルを参考にしてもらいたい。

私の理想を言うと、地域猫については動物愛護センターのような公的施設で、不妊去勢手術を安価にできるシステムにしてほしい。

ただし、タダではだめだ。猫に対しての責任が希薄になってしまう。当然、獣医師会とよく話し合って、最善の方法で実施してもらいたい。

④新規参入猫を増やさない

当初、地域内で把握して世話をする猫以外の新しい猫が来た場合、すぐに世話をしないこと。今以上に増やさないことを条件に認知してくれた猫嫌いの住民がいることを忘れてはいけない。

世話をするかしないかは、再度地域で話し合って決めればいい。数年たてば住民の意識も変わるかもしれない。みんなが一生懸命世話をして育てている姿

を見ていれば心が動くのではないか。
磯子区でも地域猫として世話をしていた地域の何ヵ所かは、譲渡したり、家で飼われたり、死亡したりで、猫がいなくなったところがある。
平和的解決がなされたわけだが、住民の間に急に寂しさがわいてきたという話題が出て、再度意見交換をする地域もあるそうだ。
私は、猫の数をゼロにすることを目指しているのではなく、地域住民間での猫によるトラブルをゼロにすることを目指している。

コラム　2・2・6の原則

私が長年、猫の苦情処理を担当して分かったことがある。それは、「猫が大好き」という人の存在は地域全体の2割、「猫が大嫌い」といって目の仇にしている人の割合も2割程度しかいないことだ。ではその他6割の人はどう思っているかというと、まったく関心がない人たちなのだ。猫がいようがいまいが、自分に被害が及ばなければ関心がない、どうでもいい存在なのだ。

「なんで猫のことに税金を使うのか。人のために使え」

「たかが猫のことで何をそんなに一生懸命する必要があるのか」

ずいぶん聞かされた言葉である。表向きには何も言わないけれど、大多数の人はそう思っているのだ。

逆に考えると、その他6割のどうでもいい人たちを味方につければ大勢は一変する。私は、無関心な人たちが猫嫌いに傾かないように平和的に解決したいと思っている。猫嫌いの人に好きになれと言うのは無理なので、せめて苦情を言われなくてもすむようにしたい。

ところが最近は、猫嫌い派が増えてきている。今まで無関心だった人が、庭に小さなプランターを作って季節の花や家庭菜園を楽しみにしていたら、そこが猫のトイレになってしまったケースや、今まで中古車に乗っていた人が新車を購入したとたん、猫の足跡が気になり始めたケースなど、急に我慢できない怒りが爆発する。

たしかに今のままでは猫嫌いを増やしてしまうことになるのは間違いない。そうなる前に、猫大好きな人が単なる猫好きで終わらないで、周りに気を配り、人とのコミュニケーションを大切にしていくことが重要になってくる。嫌いな人の気持ちを理解して、一歩も二歩も譲歩する気持ちを持ってもらいたい。これは可愛い猫たちのためなのである。

■個人から始める場合の注意点

これから地域猫を始める場合、大きく分けて2つのパターンがある。

1つは現在エサを与えている個人から始める場合と、トラブルが多くて困っている自治会・町内会などの地域から始める場合である。まずは個人から始める場合の注意点を挙げてみたい。

「地域猫」という言葉がマスコミをはじめ各種学会、動物愛護団体、学校などで話題となり、有名になればなるほど言葉だけが先走ってしまい、かなり勘違いしている人も出てきた。現に苦情として保健所にもずいぶん寄せられた。単にエサだけを与えている人が、「私は地域猫にエサをあげているのだから文句を言うな」と反論してきたという。

「あんないい加減な飼い方が地域猫なのか」

「周辺の住民は誰も認めていないのに地域猫と言っている」

など都合のいいように利用されてしまった感じだ。誤った理解をしているわずかな人がいたために、「地域猫」の広がりは一時鈍くなってしまった。

一緒に世話をする協力者を探す

猫の好きな人は猫の習性と同様に単独行動を好むようで、集団行動を嫌がる傾向にある。でも単独で責任を持った世話は、

非常に大変である。家の中という狭い空間で飼育している猫でさえ、手におえないで困惑している飼い主も多いのに、外の広い空間で自由に生活している猫の面倒をみることは、多くの人の協力がなければできるものではない。

　では、世話をしないほうがいいのかという話になるが、世の中捨てたものではない。周辺には必ず協力者がいるものだ。みんな自分だけが単独で世話をしているものだと思っているが、猫のほうが一枚も上手をいっている。

　地域の猫飼育アンケート調査

をしたときなど、1匹の猫に、魚屋は「ミーコ」、裏の惣菜屋は「チビ」、向かいの奥さんは「ミミ」なんて名前で呼んでいた。みんな自分の猫として可愛がっていたのだ。でもきちんと世話はできていないから苦情になってしまう。あと一歩地域の中で協力が得られれば、猫と人の共存は可能である。

まずは、世話をしている人、世話したい人が必ず近くにいるので、1人での世話ではなく協力者を見つけることだ。単独行動好きな猫派の人たちは、これが難しいと言うが、猫のためだと自分に言い聞かせて努力してほしい。

1つ面白い話がある。あるとき、自分が世話していた猫が急にエサの好みが変わり、与えるエサを喜んで食べなくなったという。考えられるのは、誰かほかの人が美味しいエサを同じ時間帯にあげていることだ。そこで猫の首に手紙をつけたそうだ。「私はタマと呼ばれて、酒屋でエサをもらっています」

すると今度は猫の首に違う手紙がついて帰ってきた。

「近くのマンションに住む者です。可愛い猫なのでエサを与えてしまいました。一緒に世話してはいけませんか？」

これをきっかけに1匹の猫が、2人の人を結びつけることになったという例である。

まず複数の協力者を見つけ出すことから始めてみよう。

地域住民から認められる人になる

次に大切なのは、猫の世話をする人が周辺地域の住民から認めてもらえる人になることだ。これは、猫の世話だけのことを言っているのではなく、日頃から良い人間関係を築いておくということだ。地域にとって必要な人、大切な人であれば、多少のことでは反感をかわないです

むはずだ。地域の模範となるような良い人になってもらいたい。

私は、「エサやりをやめろ」と怒鳴られている人には、まず挨拶から始めることを勧める。挨拶は、人と人を結ぶ基本である。先に挨拶されて返事ができなかったら、なんだか自分が恥ずかしい感じになると思う。だったら先にどんどん挨拶をしていくのだ。すると必ず返事が返ってくる。これで一歩前進し、次は会話へと進んでいく。

声を掛け合っていくと必ず心は通じ合うようになる。その会話の中からお互いの言い分を理解し、お互いが譲り合いの心で接していく気持ちの余裕を持ってもらいたい。

会話が下手だという人も誠意を持って接すれば必ず心は通じるものだ。うまく説明できないならば、あなたの主張や主旨、活動内容などをチラシにして、名前を明確にしながら地域の人に知ってもらう努力をすることも有効だ。かなり勇気がいることだが、猫のことを思う気持ちが強いのならば、怒ることなく冷静に対応しないと、人も猫も地域の嫌われ者になってしまう。逆に、地域内で良い人間関係ができてくれば、猫の存在も「絶対ダメ」から「少しは許される」方へ傾いていく。

約束を明確にし、実行する

次に必要なのは、最低限守るべき地域のルールを決めて、実行することであろう。

地域住民にとって一番の問題は、ノラ猫のフンとエサの管理である。周辺の人たちとよく話し合って、エサ場、時間、頭数、トイレ、世話をする人を明確にし、実行することだ。該当する地域には、チラシなどで情報を流しておくと比較的スムーズにいく。

とにかく猫を嫌いだと思う住民が文句を言えないくらいに、多くの人の協力を得て管理していくことだ。私は、〝黙って見守ってくれる猫嫌いな人〟が一番の協力者だと思っている。

この辺で、行政の後押しがあれば完璧である。自分の考えを持って行政に相談してみることだ。

地域での理解が進めば、すぐに不妊去勢手術の実施だ。費用も1人で負担する必要はなく、地域の理解があればカンパやバザーでの捻出は容易である。今以上に増やさないという原則を守るためには、絶対に必要なことである。

エサ場
時間
頭数
トイレ
世話をする人

よく「不妊去勢手術をしたからノラ猫は増えることがないので、苦情が減り大丈夫だ」と言って手術だけをしてノラ猫を放していく人の話を聞くが、本当にそうだろうか。地域の人たちが困っているのはフンや庭への進入であり、戻ってきた猫が元の生活をすれば苦情が減り解決するものではない。不妊去勢手術は長い目で見ると有効であるが、地域の共通認識、理解を得るための手立てが優先する。

　よく「早く手術しないと生まれてしまう」「周りの人に説明している時間がもったいない」と独自で行動する人がいるが、地域猫を目指すならば慌てないでほしい。

「手術をしたからノラ猫の世話をしてください」と地域に押し付けるのと、「ノラ猫の世話を地域でするなら、増えないように手術ができるよう手伝います」というのではまったく意味が違う。やることは同じなのだが、順序が逆になると苦情にもなりかねない。素晴らしい活動をしているだけにもったいない気がする。前後などと言わずに同時進行できれば最高だが、人の考え方を変えることには時間がかかる。やはり地域の共通理解が得られたところで不妊去勢手術をするという図式の行動でいくべきだ。

　ここに示したのは、1人から行動を始め複数の協力者を得て、地域・行政を巻き込んで地域猫にしていく方法である。ここで大切なことは、何度も言うが、世話をする人たちが責任を持って行動することであり、これが絶対条件である。

■地域から始める場合の注意点

地域においてノラ猫に関する苦情が出始めると頭を痛めるのは、自治会長や町内会長、班長、民生委員など地域のことを大切に考えている人たちではないだろうか。そういう人たちのための妙案を紹介しよう。

地域内の猫を把握する

まず地域内の猫に関する状況を把握する必要がある。

「どの場所にどれくらいの数のノラ猫が存在し、悪戯をしているのか」

「エサはどの辺で、いつごろ与えている人がいるか」

「苦情の原因はなんなのか」

このような情報を集めることだ。

これは決してエサやりをやめさせるための「犯人探し」をするものではなく、この地域で人と猫が共存するためのヒントを探るためのものだ。

「ノラ猫マップ」の作成もその1つである。これは、ノラ猫の数を把握するだけが目的ではなく、地域の人に関心を持ってもらうための手法と考えている。

コラム「2・2・6の原則」でも述べたが、6割の人は猫に対して無関心だから、その人たちにもノラ猫の問題に関心を持ってもらう意味で有効なのだ。

会館に大きな地図を貼り、ノラ猫で気がついたことをみんなに記入してもらう。みんなが気にかけ、参加し、記入することに大きな意味がある。

地域の方向性を話し合う

次にこの地域ではどうしたいのか、どうなればいいのかをみんなで話し合うことだ。

この話し合いの中で、地域の猫として適切に管理し、増えないことを条件に共存を目指す方向で意見がまとまれば、いよいよ地域猫の始まりだ。しかし、猫との共存など許せないというふうに話がまとまれば、その程度の意識しかない地域だと思うしかない。明確な解決方法がない以上、今までと同じことの繰り返しの地域なのだ。悲しいことにそういう地域は、まだまだたくさんある。

ここで大切なのは、役員だけとか一部の人の意向だけで判断してはいけないということだ。住民みんなが十分話し合うこと。そして住民が理解した上で始めることが一番である。

スタートが決まれば、その地域独自のルールを決め、適切に管理するための役割分担も決めていく。エサ、掃除、手術、資金、広報、監視など、無理なくできる人たちが担当し、猫好きだけが活動するのではなく、住民の問題として多くの人が関わり、協力しながら実施する。
寄付だけする人や黙って見守る人も立派な協力者だ。地域猫の活動は注目される分、関わる人の責任も重い。定期的に状況を把握して、よく話し合いながら最善の方法を導き出していくことだ。
当然行政も、話し合いや相談の段階で関与していくのがベストである。窓口での対応に差はあっても、相談に行くべきだ。動物業務担当者なら必ず地域猫のことを勉強し、協力してくれるはずだ。猫問題の対応に一番苦慮しているのは行政だからであり、住民から「猫問題は地域の問題として解決したい」との申し入れがあれば、行政もやるしかないだろう。

猫は1食抜いても大丈夫

「雨の日や雪の日に毎日エサやりするのは大変だ」という当番の人もいる。そこである獣医さんから聞いた話を紹介しよう。

「猫は、胃の中で食べ物が停滞する時間が24時間と言われている。だから、胃を休める日があってもいいのである。雨の日くらいは、エサやりを休める日にしてもいいだろう。毎日やらなければと考えすぎる必要はない。とにかく力まずに世話をすればよい」

「あなたが1食抜いたら辛いでしょう」と怒る人もいるが、人間と同じ感覚で考えるとお腹が空いてかわいそうと思うが、やはり猫の生態・生理は人間と違うこともあるので、このあたりのことを理解して活動してほしい。

■ボランティアグループの活用

NHKに「難問解決！　ご近所の底力」という番組がある。地域で困ったことを地域のみんなで解決していこうというもので、まさしく「地域猫」にピッタリの主旨である。ノラ猫がテーマのときには毎回紹介されているが、西区で実施を始めた町内のことも取り上げられた。

番組では、町内会（猫の世話）と猫のボランティア（捕獲して不妊去勢手術後戻す活動の人）が協力して上手くいっていますと和やかに紹介されていたが、西区の行政も後押ししていることは意図的に取り上げられなかった。番組の主旨からいって、「行政が関与していることを出すより、ご近所同士が自分たちで解決したことを前面に出したかった」との説明が放映後ディレクターからあったものの、良い番組だけに今ひとつ納得できなかった。ボランティアの存在が強調されすぎていて、安易に解釈されそうだったからだ。

案の定、放映後私のところへは、

「あのボランティアを紹介してほしい」

「あの人に頼めば地域猫ができるのか」

との問い合わせばかりであった。地域の理解など、どこかへ行ってしまい、手術をボランティアに任せればすぐに解決すると思った人が増えてしまった。

しかし、同じ猫のボランティアが、違う地域で同じことをや

っていて、今度は苦情としてあがってきた。この違いはどこにあるかというと、地域住民の認知の差にあるのだ。住民に「地域猫」の概要をよく説明して、理解し納得してもらって初めて上手くいくことであり、不妊去勢手術が良い方法であってもそれだけではダメなのだ。そこで住民に説明し、納得してもらえるために重要な役割を担うのが行政である。

住民を上手に説得し、猫との共存を普及させているボランティアもたくさんいるが、やはり行政のほうが信用度は高い。行政が前面に出なくても、後ろでしっかり見守っている関係が大切なのである。

ノラ猫の世話をする人、不妊去勢手術を手伝ってくれる人、里親探しをしてくれる人、子猫を預かってくれる人、地域猫の考え方を普及する人など様々なことを率先してやっているグループの人たちがいる。ノラ猫が不幸にならないようにとの思いで考えの一致した人たちが集まり、ボランティアとして時間を惜しまず奔走している。こういう人たちの存在は、非常に大きい。

決して1人ではなくグループ組織でやっているから信用できる。そしてグループには必ずメンバーを引っ張っていく有能なリーダーたちがいるものだ。リーダーはとかく目立ちすぎ、やりすぎると批判されるものだが、この人たちは信念を持って活動しているから批判にもまったく動じない。

思い返すと、平成10年5月23日、地域猫の噂を聞いたボランティアグループの代表30名と動物愛護組織の重鎮が東京都、横浜市をはじめ、遠くは神戸市、富山市、名古屋市など全国から磯子区に集結したことがあった。「ホームレス猫保護対策会議」が開催され、私はそこで磯子区の取り組みを説明した。会議では、とにかく猫に対する情熱とパワーに圧倒され、まともに顔も上げられなかった記憶がある。延々朝まで話し込んだ人もいたそうで、その気力、体力にも驚いた。そのときの参加者を思い出すと、現在全国各地で「人と猫の共存」を目指して大活躍しているグループの中心人物ばかりであったことが嬉しくてたまらない。

全国各地には、共存を目指す方向性を持っているグループがある。住民や行政が大いに活用することで、協働活動ができるはずである。

似たような活動をするいい加減なグループも多数存在するのは事実だ。ともに活動するには吟味も必要だ。自分たちの目的達成のために手段を選ばないような手法、活動をするグループには注意してほしい。

地域猫の主旨を理解して推進している立派なボランティアグループは、全国にたくさんある。

とかく行政は、動物に絡む団体は文句ばかり言ってくる組織という先入観を持っている。言うことは言うけれど、行動もするところを見せてほしい。そして、もっと行政に力を貸してほしい。

■地域猫活動によって得られる成果

やはり苦情の一番多いフンなどが、トイレの設置や適切に清掃されることで限りなく除去されるとともに、ゴミや落ち葉などの清掃にも波及し街の美化に大きく貢献することになる。エサについても、一定の場所、時間、量で制限されるため、それまで各自で行っていた置きエサなどによる不衛生な環境が改善され、猫もゴミをあさる必要がまったくなくなる。さらに不妊去勢手術を徹底することで、子猫が生まれることを防げるため増えることがなくなるし、発情期特有の鳴き声もなくなる。猫特有のオシッコの臭いやマーキングによる臭いもなくなり、生殖器の病気も防げる。良いことばかりである。

不妊去勢手術は、子猫を増やして飼育する気がないならば、飼い猫に対しても絶対に勧めたい。

また、地域猫活動で何よりよいのは、ノラ猫の存在を通じて住民同士のコミュニケーションが図れるようになり、ゆとりのある街、地域になっていくことだ。さらに、地域で協力して猫の世話や管理をしている姿を子どもたちが見て、生命尊重、地域協力、社会性の大切さを学ぶことにつながる。

良い点ばかりが目につくが、あえて欠点を挙げるとすると、結果が出るまでに時間がかかることだろう。必ず誰もが納得のいく結果が出るのだから、そん

なに慌てなくてもいいと思うのは私だけだろうか。あとはやる気の問題だろう。ここに書いている方法で実践していけば必ず好結果が出るのだから、あとは、いかに進めていくか次第だろう。

地域内には、ノラ猫の世話をしようと考える人、ノラ猫の問題を解決しようとする人、ノラ猫で迷惑している人など様々いるわけだが、結局はノラ猫自身の問題というより人間自身の問題ということになる。

地域猫として世話をされている猫たちは、ノラ猫とはまったく違う生活を送ることができ、現時点では猫にとって最高の幸せだろう。ちょっと可愛がり過ぎて太り過ぎに見える猫もいるが、実に穏やかな顔をしている。携わった人たちへは、その穏やかな表情を通して、至高の愛を提供してくれる。この猫たちから数え切れないほどの癒し、安らぎ、そして勇気をもらうことができる。人と人の絆の大切さも教えてくれる。下手な教材よりも有益だ。

　教育出版の小学校4年用道徳の教科書に「地いきねこってなあに」という項目がある。子どもたちに社会規範すなわち社会の約束や決まりを守り、公徳につくそうとする態度を育てることが狙いらしい。実に奥が深いテーマで、様々な場面や問題、真の解決方法など子どもたちみんなでよく話し合って考えることが課せられている。

　余談になるが、これをコピーして我が子に学校へ持たせたら、担任の先生がすぐに授業で使ったそうだ。

「いろいろな意見が出たけれど、地域猫の考え方は立派だ、という意見が多数を占めたよ。お父さんの地域猫すごいね」

　と嬉しそうに話してくれた子どもの顔を見たら、「いい仕事ができたなあ」と自分で自分を誉めてしまった。

　ちなみに、現在私は、横浜市西区で小学生を対象に「ジュニア・ペット・スクール（ＪＰＳ）」を高校生・大学生・動物ボランティアと協働で開校している。これは、愛玩動物に興味のある子どもたちに、将来、動物適正飼育のリーダーとなってもらうことを目指していろいろ企画している。地域猫のことも、手作りの紙芝居で教えている。きっとこの子どもたちが将来活躍してくれるだろう。

　小学生から動物愛護意識を啓発してこそ、将来花開くものである。時間をかけて大切に育てなくてはいけないと思っている。

コラム　空き地購入には要注意

横浜市西区の、ある若いご夫婦にこんな話がある。
「今まで空き地だったところに家を新築して引っ越してきたら、毎日数匹のノラ猫が家の周りにフンをしていき、臭くてたまらない。猫の嫌いな方法もいろいろ試したが、まったく動じる気配もなく、毎日毎日フンだらけだ。こんなところに住みたくないが、新築したばかりの家なので引っ越すこともできない」

何度か現場を見せてもらったが、たしかにすごいフンの数だった。思いあまったご夫婦は、家の周囲を全部コンクリートにして、土の部分をすべてなくした。掘ってフンして埋め戻すという猫の習性を逆利用したのだが、まったく効果なくコンクリートの上に平気でフンはしてあった。

周囲には人の近寄れない傾斜地に雑木林もあるし、柔らかい土地もたくさんある静かな場所だ。エサを与える人もいる。猫にとっては最高の居住場所ではある。しかし、なぜこの家の敷地だけが猫のトイレになるのか、私は不思議でしかたがなかった。若いご夫婦のためにも原因が知りたかった。

何度か足を運んでご近所の人の話を聞いているうちに、この不思議な謎が解けてきた。

昔からこの地域では、ノラ猫にエサを与えて世話をしている人が多かったらしい。いわゆる猫好きの多い地区であった。不妊去勢手術などはしていないが、自然のままでも爆発的な増加はなかったという。

話してくれた人も「昔はよくノラ猫にエサをやっていたけど、住民も変わってきたので今はやっていない。みんなは黙ってやっているのだろう。私は2匹を飼い猫にしてそれだけを世話している」と嬉しそうに猫を撫でていた。そして新築の家でフンが多くて困っているとの話をしたところ、笑いながら答えてくれた。

「あの場所は何十年も昔からずっと空き地で、代々ノラ猫のトイレだったところなのだ。なぜかみんなが世話していたノラ猫の大半が、その空き地でフンをしていた。おかげであちこちにフンをされずにすんでいた」

つまり何十年もの間、先祖代々のノラ猫たちがこの空き地をトイレとして使用してきた場所だったのだ。おそらく誰かが空き地でフンをするように仕向けたに違いない。そこにいきなり新築の家が建ったというわけで、猫側からすると長年の習慣から急には変われなかったということだろう。
若いご夫婦にはお気の毒だが、この問題は時間が解決していくしかないだろう。
長い間空き地だったところを購入する際にはご注意を。

■今後の人と猫との方向性

今まで何も気にせずに使っていた言葉に、共に生きるという意味の「共生」がある。

ところが、ある哲学者の指摘によると、共生の反対語に「共死」という言葉があるそうだ。初めて聞く言葉である。人と猫が共に生き、共に死ぬという意味からすると、地域猫にはふさわしくない。「共存」すなわちお互いの存在を認め合うことこそふさわしい言葉である。やはり指摘されると嫌なものだから、その後誰でもが納得いくように「人と猫の共存」を使うことにした。

地域猫という言葉が新聞や雑誌、インターネットなどに登場するたびに、ワクワク、ドキドキ、何とも言えない気持ちになる。まるで自分の分身が、あちこちで活躍しているような錯覚に陥るからかもしれない。中には、ちょっと違う解釈をされたできの悪い地域猫もいるが、多少は目をつぶるとしよう。だって猫自身が悪いのではなく、関わって世話をしている人をはじめ、地域に住む人の問題だからだ。

地域猫のように、人と猫が適切な関係を築いていくには、まず先に人と人との良好な関係を作る必要がある。

しかし、私は、この地域猫の考え方が永遠に続くものとは考えていない。なぜならば、この考え方は今いるノラ猫の解決方法であって、今後猫の屋内飼育の徹底と猫を捨てる行為がなくなれば、ノラ猫はいなくなるはずだから。すべて犬と同様に飼い主に管理された猫になるはずなのだ。しかし、そうなるにはまだ何十年かかるかわからない。

それまでは、ギスギスした人間関係をなくして、人間が丸くなっていくことに期待したい。

これからの時代は、猫の時代が来るかもしれない。犬がペット化された時代よりはるかに新しく、まだこれから人との関わり方を築いていける動物である。人の生活に最も適した猫が登場する日も近いのではないか。

外で生活する猫がいなくなる時代も来るであろう。その時代には、わが分身の地域猫はもういないはずだ。

心情的には寂しいけど、そうなってほしい。

おわりに

当初、単なるノラ猫の苦情処理方法の一手段として考えた「地域猫」であるが、全国的に話題となるにつれて、様々な分野で応用できる内容であることが明確になってきた。教育、福祉、哲学、環境、法律、都市計画、心理学など、幅広い学術分野で、その考え方や行動が利用されている。私には理論立ててうまく説明はできないけれど、各分野で大いに活用してほしい。

これまでも何度も述べてきたが、私は、ノラ猫問題は地域内の人間関係悪化がすべての根源だと考える。現代人に今必要なのは、人間同士のコミュニケーションではないだろうか。こうした背景から地域猫を考えると、活動はまず人間関係づくりからスタートし、地域という共同生活の場を巻き込んで街づくりを進めていくという視点に立った手法がベストであると考える。

地域猫は結果的に、猫を通して地域を一体化させることで十分街づくりに貢献しているし、できると言える。

地域猫が有名になればなるほど、私のところに地域猫の始め方や進め方の相談、講演や原稿の依頼がどんどんくるようになった。分身のことだから努めて対応しているが、なかなか全部には応えきれなくて申し訳ない気がしている。今回この本を出版しようと思ったのも、自分の知っていること、やってきたことを書いておけば、それを読んで参考にしてくださる方がいるかもしれない、何とか解決のヒントになるかもしれないという期待が込められている。

思えばずいぶんいろいろなところで、また、いろいろな人に話をさせてもらった。

北九州市や下関市でのイベント、我が生まれ故郷・愛知県でのシンポジウム、雨中の三重県でのシンポジウム、居住地鎌倉市での講演、早稲田大学、麻布大学、千葉大学のサークル、研究ゼミのイベントなど、どの場所も思い出がある。みんなに広めたいという思いとともに、その土地で動物愛護活動をしている人や興味のある人、行政担当者、苦情を言いたい住民など、様々な立場の人と猫問題について話ができた。この経験は今でも役立っている。

最近では、一般の人対象ではなく、行政の動物担当者用の講演依頼が多くなってきた。

やっと地域猫の考え方が行政にも浸透してきたのだろうか。あと楽しみなのが、大学生がかなり興味を持っていることだ。秋には大学祭やシンポジウムの依頼が増えるし、卒業論文のテーマとしての問い合わせも多くなってきた。

また、地域猫に関わるイベントや集会が頻繁に開催されるようになった。こうしたイベントや集会には、こっそり参加している。嫌がる子どもをカモフラージュにして、地域猫に関心を持つ1人の参加者として顔を出して、地域性の違いや住民意識のレベル、進捗状況、行政の関与などを勉強させてもらっている。こっそり行くのは、やはり地元の行政への遠慮かな。それぞれ事情がある中で努力されている地元行政と磯子区、西区を比較されたら悪いと思うからだ。どこかの会場で私を見つけることができたら、そっと声をかけてください。お返しになんでも話しますよ。

猫トラブルの対応に苦慮しているのはどこの行政もみんな同じだ。私の話で解決の道が開けるのならと、区外の問い合わせにもできるだけ対応している。少しでも力になってあげたいと考えているからだ。地域猫という1つの解決法があることを知ってもらいたい、試してもらいたいと思っている。

今までやってきたこと、考えていたことを書き綴ってみたが、結局私はいろいろな人に支えられてここまできたのだということを改めて痛感した。本当に良い人たちに出会い、恵まれていたことに感謝している。

職場では上司が「西区の仕事をしろ」とよく言っている。たしかに不在の時など机に張られた電話のメモには、全国の地名が書いてある。でもそれだけ反響があり、要望があるのだから勘弁してほしい。上司にすれば、さぞかし煩わしいと思っているのだろうが、目を瞑ってくれていることから分かるように、本当はすごくやさしいのだ。

しかし、その多くの人たちを引き合わせてくれたのは「ノラ猫たち」であり、私はノラ猫からたくさんの目に見えない宝物をもらった気がする。

人と人の間に猫が入ることでスムーズな人間関係が生まれ、猫も人もみんなが穏やかに生活できる。

私も、「地域猫伝道師」に次ぐ新しい肩書きである「街づくり仕事人」として、まだまだ活動していくつもりである。

二〇〇五年十月

黒澤　泰

〈巻末資料①〉猫が庭に入らない方法

猫が庭や花壇・畑に入り込みフンや尿をまき散らしているのは、周辺のどの場所よりもお宅が猫にとってもちろん人にとっても快適な場所だからです。しかし、気分の良いものではありません。どうしても我慢できない方は、猫を寄せない次の方法をお試しください。猫との根競べです。いろいろな方法で何度も繰り返してやってみてください。

名称	方法
食用酢	食用酢をスポンジや布に染みこませて通路に置く（風上に置く等、場所がポイント）
木酢液	木酢液を散布するか空き缶に入れて通路に置く（スポンジ等に吸収させると効果が持続する）
漂白剤	塩素系漂白剤（ブリーチ、ハイター等）を希釈して散布するか空き缶等に入れて通路に置く
ナフタリン、樟脳	ナフタリンや樟脳を吊したり、埋めたりする（吊す場所がポイント）

タバコの吸殻の浸し液	タバコの吸殻をほぐしてから水に浸し、それを散布する（散布する場所がポイント）
コーヒー滓	コーヒー滓を散布する（散布する場所がポイント）
どくだみ茶等の茶殻	どくだみ茶等の茶殻を散布する（散布する場所がポイント）
ニンニク	ニンニクを細かく切って撒くか、目の細かい網の袋に入れて吊す（散布、吊す場所がポイント）
トウガラシ	トウガラシを細かく切って撒くか、目の細かい網の袋に入れて吊す（散布、吊す場所がポイント）
お米のとぎ汁	とぎ始めの濃い汁を散布する（散布する場所がポイント）
ミカン等柑橘類の皮	ミカン等柑橘類の皮を撒く（散布する場所がポイント）
カレー粉等香辛料	カレー粉等の香辛料を撒く（散布する場所がポイント）

正露丸	正露丸を水に浸して、空き缶などに入れて通路に置く（掘り返される場所には土の中に埋めてみる）
フェリウェイ	なわばり本能を利用したフェイシャルホルモンで、寄せたくない場所に塗布する（塗布場所がポイント）
ゼラニウム	ゼラニウムの鉢植えを置く（葉が臭うので近寄りにくくなる）
ハーブ類	レモングラスやルーなどのハーブ類を植える
市販の忌避剤	ペットショップやスーパー等で市販している（雨の時や長期間は期待できないが、短期間で効果あり）
大きな石	大きめの石を通路に置く（通行を困難にし、環境の変化で不安をあおる）
尖った石	尖った小石を撒く（足元が不快に感じる）
水を撒く	ホースで水をたっぷり撒く（水を嫌うため濡れた場所は敬遠する）

水鉄砲など	できるだけ人の姿を見せないように水をかける（通ると濡れる等の自然現象に見せることがポイント）
枯れ枝	枯れ枝を一面に敷く（球根や種を守るのに効果あり）
ガムテープ	ガムテープを輪（粘着面を外側）にして通路等に置く（塀や狭い通路に効果あり）
割り箸	割り箸を通路や花壇などに立てておく
荷造り用の白い紐	荷造り用の白い紐を蛇行させて庭に置く（ヘビの様に見せる）
遠隔操作ブザー	遠隔操作のブザーを使って、猫が通過する瞬間にブザーを鳴らす（人の姿を見せないこと）
センサー感知ブザー	センサー感知のブザーにより、猫が通るとブザーが鳴る（防犯用として市販されている）
センサー感知超音波	赤外線センサーにより猫が通ると自動感知し、猫の嫌う特殊超音波を発生させる（市販されている）

◎多少許せる方はお試しください

猫のトイレを作る	発泡スチロールの箱に砂を入れたトイレを作ってやり、決まった場所でさせるようにする（掘り返せる柔らかい砂や土の場所に必ず排便するようになります）

横浜市西福祉保健センター

〈巻末資料②〉 磯子区猫の飼育ガイドライン

1 目的

人間の生活環境の変化に伴い、生活をともにしてきた猫達も住みにくい環境への対応をせまられています。また、猫はその習性から自由を拘束し管理することが非常に難しく、糞尿やゴミあさりによる環境汚染をはじめノミなどによる人体への害、器物の破損等周辺地域へ与える影響も大きく、トラブルや苦情のもとになっています。

そこで、このガイドラインを人と猫が共生していくための最低守るべきルールとして、正しい飼い方、接し方、遵守事項などを明確にすることによって、適切飼育や動物愛護への理解を普及し、人と猫とが快適に共生できる街づくりを進めることを目的とします。

2 基本的考え方

今飼育している猫がホームレス化しないようにする一方、現在地域に住みついて人からエサをもらって生活している飼い主のない猫を、地域住民が適切な飼育を行い管理することによって「地域猫」と位置付け、飼育責任の所在が明らかな猫へと移行させていき、その結果としてホームレス猫の減少を図ります。

3　定義

猫の飼育方法によってその扱い方、接し方は大幅に違うため、次の三種類に分類します。

（1）飼育猫…………飼い主と居住場所が明確であり、主に特定の人からエサをもらい生活している猫。

（2）ホームレス猫……特定の飼い主がなく、地域に住みつき人からエサをもらい生活している猫。

（3）地域猫…………このガイドラインに示されている「飼い主の遵守事項（ホームレス猫の場合）」に従って、地域で適切飼育管理された猫。

※その他の猫（ノネコ）……飼い主のもとをはなれ野生化し、常時山野にて野生の鳥獣等を捕食し生息している猫。

4　飼い主の一般的心構え

（1）動物の保護及び管理に関する法律、横浜市動物保護管理条例、地域の飼育規定等に規定された飼い主の義務を守ること。

（2）猫の習性、生理等を十分理解するとともに、飼い主として責任を自覚し、愛情をもって猫を終生、適切に飼育すること。

※猫が動物である事を理解し、人間のように考え違いしないようにしましょう。
（3）周辺地域の人々の立場を尊重し、自己満足のため他人に迷惑をかけることのないよう細心の注意を図り飼育するように心がけること。
※飼い始める時には、家族が一人増えるという意識を持ちましょう。
※自分の心の安らぎのためだけに猫を可愛がると、まわりの人のことが見えなくなりがちです。ご近所の方々は一番近い世の中ですので、猫以外のことでも普通に挨拶が交わせる間柄になっておくように心がけましょう。
※猫にまつわる苦情が人間関係にも影響を及ぼすことがあるので、苦情の内容を冷静に分析し、自分の都合や言い分ばかりを主張しないで、より良い対応をするように心がけましょう。
※猫が嫌いな人やアレルギー等で接することを避ける人がいる旨を理解しましょう。
（4）「捨てない。増やさない。いじめない。」ことを守ること。

5　猫の本能・習性・性質

（1）夜行性………昼間は寝ていることが多く、夜間活動が活発化します。
（2）季節発情……メスの発情は、ほぼ決まった時期に数回繰り返します。オスは、独自の発

情周期を持ちません。(メスの発情に誘われます)

(3)縄張争い……オスは縄張意識が強く、特にメスの発情期にはオスの活動範囲が広がり、ケンカも増えます。

(4)トイレ………やわらかい土、砂地を好みます。オスの場合、尿のマーキング(スプレー)を行うことが多くあります。

(5)爪とぎ………猫の気分がリラックスしたり高揚したりした時、また爪の新陳代謝が行われる時に見られる本能的な習性です。

(6)性質…………猫は自尊心が強く、気ままで、気まぐれのため飼い主の言いなりにならないものです。神経が繊細で、急な環境の変化、突然の大きな音や騒々しい環境を嫌います。

※(2)(3)(4)は、不妊去勢手術により抑えることが可能です。

6 遵守事項

●飼育猫の場合

【飼育管理について】

(1)猫の飼育場所は原則として、室内で飼育するように努めること。

※出入り自由の猫でも、夜は家の中に入れましょう。
（2）飼育する猫の数は居住環境を踏まえ、その環境に合った猫の数を見極めて、飼育可能な最小限にすること。
※飼い主一世帯で、おおよそ3匹までを目安とすることが望ましい。
（3）飼い主占有の場所以外で、猫にエサや水を与えないこと。
（4）猫の必要な栄養を考えてエサを与えること。
（5）飼い主占有の場所に猫用トイレを設置し、そこで排便をするように子猫の時からしつけを行い、常に排泄物を清掃することによって清潔を保つこと。
※排泄物は健康管理上の目安となるので、良く観察して片づけましょう。
※飼い猫用トイレは容器とその中に敷く物との組み合わせ方がいろいろあるので猫の癖をよく見極めて（最初は何種類か試みて）、猫の成長に合わせた大きさのものを用意しましょう。
※猫が嫌がる程には清潔にしすぎないようにしましょう。
※汚物又は汚水を適切に処理し、悪臭又は昆虫等の発生を防止しましょう。
（6）抜け毛の処理やケージの清掃等を行う場合は室内で行い、必ず窓を閉めるなどして、毛や埃等の飛散を防止し、必ずゴミとして捨てること。

（7）耳や口など体のどこを触られても平気なように、日頃から人間との付き合いを経験させておくこと。

※診療を受ける時も生活の中でも扱いやすくなります。

（8）猫の成長に合わせて強度のあるツメとぎ板を用意し、しつけること。

【健康管理について】

（1）繁殖を望まない場合は、不妊去勢手術のメリットを充分に理解した上で繁殖制限の措置を行うこと。

※生後6～7か月で発情がくるのでその前に、若しくは乳歯から永久歯に生え変わる時を目処に手術しましょう。

※手術後は、尿の臭いがうすくなる、大きな声で鳴きわめかない、遠出をしなくなる、他の猫とケンカをすること等が減ります。

（2）猫の病気及び負傷の予防等、健康及び安全を保持することに努め、異常があった時にはできるだけ早く獣医師に相談すること。

※各種寄生虫や伝染病の予防薬の投与、ワクチン等の接種を受けさせましょう。

（3）ノミが付いていたり汚れていたりする時には、猫を洗うとか毛をすくなどして清潔を保つこと。

【その他】

（1）首輪を付けて飼い主がいることを明確にし、身元がわかるようにしておくこと。

（2）猫による汚損、破損、傷害等苦情が発生した場合は、その責任を負うとともに、誠意を持って解決を図ること。

（3）ご近所との円満な付き合いができるよう努力すること。

※近所の人の猫に対する反応が変わります。

（4）猫の飼育が認められている集合住宅では「飼育者の会」を作り、よりよい飼育の仕方の周知、苦情処理といった窓口としての役割を果たすことが望ましい。

（5）引っ越しの際は、真剣に引っ越し先と交渉したり獣医師や保健所・動物愛護団体等に相談するなどして飼い続ける努力をすること。

※努力の結果、継続飼育が不可能となった場合は、安楽死処置もやむを得ません。

※猫は新しい場所でも3週間くらいで馴染めます。

（6）猫が死亡した場合は、適切な取り扱いを行うこと。

●ホームレス猫の場合

【飼育管理について】

（1）ホームレス猫の面倒を見ようという人は、できるだけグループや集団で役割分担しながら活動し、代表者を決める等責任の所在を明らかにして、世話をする人が孤立しない様に、周辺住民の理解を求めるよう心がけること。

（2）エサ場は、周辺住民の一般生活上支障のない場所を決めて、そこの場所以外ではエサを与えないこと。また、エサは決められた時間に食べきれるだけの量を与え、食べ終わるのを待ってから回収、清掃を実施し、常に清潔を心がけること。置きエサは、周辺住民の迷惑になるので絶対にやめること。

（3）エサや水は健康維持を考えて充分配慮すること。

※（例）牛乳は、軟便につながることが多いようです。ねり製品ばかりをやらないようにしましょう。

（4）エサ場周辺の排泄しやすい場所に猫用のトイレ若しくはそれに準ずる物あるいは場所を設置し、そこで排泄するようにしむけ、速やかに始末するように心がけること。

（5）猫用トイレ以外の場所のフンも、エサを与えた結果として片付けるように心がけること。

※猫のフンだけに限らず、周辺環境の美化に努めましょう。

※他人の土地のフンについても、連絡通報があれば快く回収、清掃して、周辺住民との円満な付き合いができるよう努力しましょう。

（6）庭や近所の立ち木が傷つけられるのを防ぐために、ジュウタンを裏返しにしたものやツメとぎ板になるものを用意するよう心がけること。

（7）食物を充分に与えて生ゴミ等を「アサル」ことのないように飼育すること。

【健康管理について】

（1）ホームレス猫の面倒を見ようという人は、今以上に頭数が増えないように必ず不妊去勢手術を実施し、首輪やリボン、ペインティング等の目印を付けて終生世話をすること。

※不妊去勢手術のメリットを充分に理解した上で繁殖制限の措置を行いましょう。

（2）手術のために捕まえることが困難な場合は、獣医師、動物愛護団体、保健所等に問い合わせて助言を求めること。

（3）猫が病気や負傷をしている場合は、獣医師若しくは保健所と相談し、責任をもって対応すること。

※治癒困難な場合は、安楽死処置もやむを得ません。

（4）伝染病や寄生虫等の予防、健康保持のため必要な処置を行うこと。

【その他】

（1）猫が侵入するのに好ましくない場所（砂場、芝生等）に関しては、侵入防止等の方法を試みること。

【附則】（平成11年3月10日磯衛第598号）

（施行期日）

1　このガイドラインは、平成11年4月1日から施行します。

〈巻末資料③〉西区猫の飼育ガイドライン（ダイジェスト版）

●基本的な考え方

西区内で飼い猫やのら猫が地域を徘徊し、住民に迷惑を及ぼしている原因は、猫の自然増（繁殖）を根源とした秩序のないエサやり、糞尿被害、鳴き声などです。

そこで飼い主や世話をする人、地域住民等が、不妊去勢手術を推進し、猫の数をコントロールするとともに、適切な飼育管理を徹底することで、のら猫やそと猫を地域猫や家猫のように、人が管理した猫へと移行し、猫に関するトラブル『0《ゼロ》』を目指します。

家猫………主に屋内で生活し、人が生活のすべてを管理している猫（出入りが自由な猫を含む）

そと猫……屋外で生活し、人からエサはもらっているが、排泄物や繁殖制限などの管理はされていない猫

地域猫……屋外で生活する猫を地域で適切に飼育管理し、一代限りの命をまっとうさせることで地域住民の認知が得られた猫

のら猫……屋外を首輪などの目印もなく、まったく人に管理されていない猫

●家猫の飼い主が守るべきルール

〔飼育管理編〕

(1) 屋内でエサや水を与えて飼育しましょう。子猫のうちから飼育する場合は屋内だけでの飼育を心掛けましょう。

(2) 居住環境にあった猫の数を見極めて、飼育可能な最小限にしましょう。

(3) 屋内に猫用トイレを設置し、そこで排便するよう子猫の時からしつけをして、常に排泄物を清掃して清潔を保ちましょう。

(4) 連絡先を書いた首輪や目印等を付けましょう。

(5) 日頃から体のどこを触られても平気なように、人馴れの訓練をしておきましょう。災害等緊急時に避難場所で役立ちます。

(6) 出入り自由な猫の場合は、常に周辺を見回り速やかに排泄物を処理しましょう。

〔健康管理編〕

（1）繁殖を望まない場合は、不妊去勢手術を受けさせましょう。

（2）猫の病気やケガ等異常があった時には、できるだけ早く動物病院へ相談しましょう。

（3）ノミ、ダニ、かいせんの予防、駆除等適切な健康管理をしましょう。

〔その他〕

（1）自治会・町内会及び各班等で、猫の飼育実態を把握しましょう。特に、高齢者宅での飼育は、地域で把握しておきましょう。

（2）猫を自由に外へ出している人は、周辺住民への心配りを忘れずに、地域での円滑なコミュニケーションに努めましょう。

（3）苦情が発生した場合は、その責任を負うとともに誠意をもって解決しましょう。

（4）飼育放棄することなく、終生飼育しましょう。

（5）災害等緊急時、猫の運搬用に洗濯ネット（大きめ）を用意しましょう。

●屋外で生活する猫の世話をする人が守るべきルール

〔飼育管理編〕

（1）エサは周辺住民の理解が得られる場所で、決められた時間に与えましょう。

（2）食べきれるだけの量を与え、周辺の清掃を実施し、常に清潔を心掛け、絶対に置きエサはしないようにしましょう。

（3）エサ場周辺に猫用トイレまたはそれに準ずるものを設置し、そこで排泄するように仕向けましょう。

（4）猫用トイレは常に清潔を保ち、排泄物は速やかに片付けましょう。

（5）猫用トイレの排泄物だけでなく、猫の生活地域の環境美化にも配慮しましょう。

〔健康管理編〕

（1）必ず不妊去勢手術を実施し、耳ピアス等の目印を付けて終生世話をしましょう。

（2）手術に関しての相談は、区役所等へ問い合わせて助言を求めましょう。

（3）病気予防やノミ、ダニの駆除等の健康管理は、動物病院と相談しながら、適切な時期に実施しましょう。

〔その他〕

（1）猫がその地域で生息することについて、周辺住民の理解を得ましょう。

（2）地域で猫の生息実態を把握しましょう。特に、一人暮らしの高齢者による世話は、地域の協力で穏やかに解決しましょう。

（3）最終的には「家猫」になるよう、新しい飼い主を探す努力をしましょう。

（4）自治会町内会の中から、適切に飼育管理できる人を募集し、地域での管理者（地域猫推進員）を設置しましょう。

※中途半端な世話は、猫にも周辺住民にも迷惑をかけることになります

※最後まで責任を持って世話をしましょう

発行年月　平成17年2月

編集発行　横浜市西区生活衛生課

〈巻末資料④〉 地域猫活動チェックシート

一人から複数の協力者を得て、さらに地域・役所を巻き込んで地域猫にしていく方法があります。「はい」が7つ以上あったら、地域猫を始めていいでしょう。

	個人から始める場合	はい	いいえ
1	1人ではなく、複数の協力者と活動をしている。		
2	周辺地域の人にすすんで挨拶をしている。		
3	自分の名前を明確にして、地域の人に理解してもらう努力をしている。		
4	自分の主張を押し通すのではなく、譲り合いの精神を大切にしている。		

5	6	7	8	9	10
周辺住民の理解を得てエサ場を決めている。	エサやりは時間を決めて、食べ終わったら速やかに片付けている。	周辺住民の理解を得てトイレの場所を決めて、常に清潔を保ち排泄物は速やかに片付けている。	活動内容を理解してもらうためにエサ場、時間、頭数、トイレ場、世話をする人などの情報をチラシ等で知らせる努力をしている。	猫の数が今以上に増えないように、地域の理解が進んだらすぐに不妊去勢手術を実施している。	行政機関に相談している。

	自治会・町内会などの地域から始める場合	はい	いいえ
1	地域全体で猫との共存をすることで問題を解決していこうという、共通の認識を持っている。		
2	役員や一部の人の意向ではなく、住民みんなが十分理解した上ではじめている。		
3	エサは場所、時間を決めて後始末をきちんとしている。		
4	エサ場周辺のフンなどの清掃をきちんとしている。		
5	地域全体で話し合い、地域のルールを決めている。		
6	世話をする猫には不妊去勢手術をしている。		

7	手術済の猫には首輪やピアスなどの目印をつけている。（飼い猫、ノラ猫とも）		
8	適切に飼育管理するための役割分担を決めて、猫好きな人も嫌いな人も協力をして活動している。		
9	どこに何匹くらいのノラ猫や飼い猫が存在しているか、苦情の原因は何かなど、地域内の猫に関する状況を把握している。		
10	行政機関に相談している。		

著者プロフィール

黒澤 泰（くろさわ やすし）

1979年、麻布獣医科大学獣医学部獣医学科卒業。

横浜市役所に食品衛生監視員として入所し、食品衛生業務に従事するとともに狂犬病予防員、動物愛護指導員として地域で発生する動物問題を解決するために最前線で対応する。

1990年、衛生局公衆衛生課動物保護管理係を経て、1995年、磯子保健所への異動を期に、人と猫が共存できる街づくり事業を打ち出し「地域猫」の考え方を全国で初めて行政として発案実施する。

2001年より西区福祉保健センター（旧西保健所）でも、「猫トラブル『0《ゼロ》』をめざすまちづくり事業」として、地域猫事業を展開する。

2007年より神奈川区福祉保健センターにて、「地域猫で人の輪づくりまちづくり事業」として住民に馴染みやすい地域猫事業を実施する。

2011年より現在の港南区福祉保護センターで、町づくり事業の一つとして地域猫活動を普及している。

2017年、横浜市職員を定年退職後、公益財団法人神奈川県動物愛護協会常務理事に就任。


「地域猫」のすすめ ノラ猫と上手につきあう方法

2005年12月15日　初版第１刷発行
2023年11月20日　初版第８刷発行

著　者　黒澤 泰
発行者　瓜谷 綱延
発行所　株式会社文芸社
〒160-0022　東京都新宿区新宿１－10－１
電話　03-5369-3060（代表）
03-5369-2299（販売）

印刷所　神谷印刷株式会社

ISBN4-286-00266-7